U0833163

内容简介

本书是在广泛参考国内外与陨石相关的书籍、网站和科研论文的基础上，结合地质学内容并总结归纳后编写的，旨在为广大陨石爱好者和科普工作者提供一本实用性的工具书。书中详细阐述了陨石的来源、矿物学基础、陨石的手标本肉眼鉴定方法、陨石的详细分类及各类陨石的岩石矿物学特征、薄片显微镜下特征；冲击变质作用；概述中国南极陨石回收及研究情况。期望本书的出版能为中国陨石研究的国际化、正规化、科学化发展做出积极贡献。

本书可以作为陨石爱好者、收藏家的科普读物，也可作为大专院校地质学和相关专业的本科生及研究生的参考用书。

图书在版编目（CIP）数据

陨石鉴别与探究 / 李伟超，王子尧编著．— 北京：地质出版社，2021.5

ISBN 978-7-116-12636-7

Ⅰ．①陨… Ⅱ．①李… ②王… Ⅲ．①陨石—普及读物 Ⅳ．① P185.83-49

中国版本图书馆 CIP 数据核字 (2021) 第 069270 号

YUNSHI JIANBIE YU TANJIU

责任编辑：郑长胜　肖莹莹
责任校对：李　玫
出版发行：地质出版社
社址邮编：北京市海淀区学院路 31 号，100083
电　　话：(010) 66554649（邮购部）；(010) 66554576（编辑部）
网　　址：http：// www.gph.com.cn
传　　真：(010) 66554576
印　　刷：北京地大彩印有限公司
开　　本：787mm × 1092mm　1/16
印　　张：15.5
字　　数：360 千字
版　　次：2021 年 5 月北京第 1 版
印　　次：2021 年 5 月北京第 1 次印刷
定　　价：198.00 元
书　　号：ISBN 978-7-116-12636-7

（版权所有 · 侵权必究；如本书有印装问题，本社负责调换）

前言 QIANYAN

近年来，陨石已成为收藏界的新宠，越来越多的人开始关注并收藏陨石，对陨石知识的渴望与日俱增。然而，国内关于陨石的书籍屈指可数，且作者一般是科研院所的研究人员，关于实践的内容涉及很少。本书的编写，旨在为广大的陨石爱好者、收藏家等提供一本“辨真假”“识类型”的科普读物，文中尽量减少专业术语的应用，避免过于前沿或过于落后的内容，尽量提供较为经典的研究成果，使入门级的陨石爱好者和资深的陨石收藏家通过阅读本书都能有所收获。

1985 年，在英国自然历史博物馆出版的《陨石目录》中，全世界发现或目击的陨石为 2611 块，到 2000 年也仅有 3165 块，平均每年新增 37 块。至 2015 年 7 月，国际陨石数据库中已命名的陨石数量为 50898 块。在 2000—2015 年的 15 年时间内，发现或目击陨石的数量呈直线上升，平均每年新增 3182 块。2020 年 8 月，国际陨石数据库中已获得正式命名的陨石数量为 63978 块，平均每年新增 2616 块。在 63978 块已命名的陨石中，中国境内已命名的陨石只有 414 块，仅占非南极发现陨石总量的 1.5%，而美国占 10.0%；除去阿拉塔格山、哈密、南丹等重复申报的陨石后就变得更加稀少。因此，提高中国的陨石发现量是迫切需要解决的问题，而发现和鉴别陨石离不开系统且专业的理论指导。

对于资深的陨石收藏家和陨石“猎人”来说，鉴别球粒陨石及部分无球粒陨石并不是难事；但对于刚入门的爱好者来说，完成这项工作十分困难，辨别真假尚且不易，更不用说辨别类型和产地。陨石的专业鉴定，离不开专业的仪器设备、专业对口的人才、正确的样品制作方法、正确的标准样品选择和数据处理等；能完成这些工作的只有中国科学院系统的科研院所、中国地质大学、南京大学、吉林大学、桂林理工大学等单位，一般的地质矿产部门鉴定结果可用，但并不精确。

陨石最重要的意义在于科研，是人类认知太阳系最直接的样本，对于研究太阳系的物质组成、形成演化具有重要意义。

需要特别说明的是，本书插图中的陨石名称采用国际命名陨石通用的注释说明方法，即采用国际通用英文名称—岩石化学类型—文字注释的顺序对陨石进行解释说明，如“Jilin，H5，1976 年 3 月 8 日目击降落在吉林蛟河，吉林Ⅰ号，质量 1770kg,是世界最大的石陨石”。其中“Jilin”是地名,“H5”代表普通陨石 H 群，数字 5 是岩石类型，H5 后面的内容为注释说明。

希望本书的出版能为广大陨石爱好者、收藏家及陨石“猎人”提供一本鉴别与探究陨石的实用参考书，为我国发现更多珍稀的陨石样品贡献自己的绵薄之力。

本书的编写离不开世界各地从事陨石研究的科学家、痴迷于陨石的收藏家、陨石经销商和陨石“猎人”的奉献，是他们提供的陨石资料，为本书提供了较为齐全的素材。在成书过程中，向桂林理工大学陈宏毅博士请教了 HED 族陨石中文定名的问题，并与中国地质大学王华沛教授进行了深入的交流探讨。他们为本书的编写提供了十分有建设性的建议和指导，在此表示衷心的感谢。

本书的出版得到了内蒙古陨石学会会长梁成光、浙江义乌市陨石经销商金文羲、黑龙江七台河市陨石收藏家于家昌、内蒙古通辽市陨石收藏家刘国柱、内蒙古赤峰市陨石收藏家窦大勇等的大力支持和帮助，在此一并致谢。

由于编者水平有限，疏漏错误在所难免，望广大读者予以批评指正。

目录 MULU

第 1 章　太阳系小行星与前太阳颗粒 ………… 1

1.1 太阳系小行星 ………… 4

1.2 陨石与小行星对比研究 ………… 16

1.3 行星分异 ………… 18

1.4 前太阳颗粒 ………… 20

第 2 章　陨石鉴定的矿物学基础 ………… 22

2.1 矿物的物理性质 ………… 23

2.2 矿物的光学性质 ………… 24

2.3 矿物的力学性质 ………… 30

2.4 矿物的硬度 ………… 32

2.5 矿物的密度和相对密度 ………… 33

2.6 矿物的磁性 ………… 33

第 3 章　陨石鉴定的常用矿物 ………… 35

3.1 橄榄石 ………… 36

3.2 辉石 ………… 37

3.3 长石 …… 41
3.4 铁镍金属 …… 42
3.5 石英 …… 44
3.6 角闪石 …… 46
3.7 云母 …… 46

第 4 章 流星与陨石 …… 48

4.1 火球 …… 50
4.2 熔融作用 …… 52
4.3 目击事件 …… 52
4.4 冲击暗化与角砾岩化 …… 55
4.5 陨石的外形 …… 58
4.6 陨石熔壳 …… 58
4.7 气印、熔流线、定向陨石 …… 60
4.8 陨石的风化 …… 61
4.9 陨石散落区 …… 63

第 5 章 陨石鉴定与分类基础 …… 64

5.1 陨石的肉眼鉴定 …… 65
5.2 陨石实验室鉴定 …… 75
5.3 陨石的分类基础 …… 81

第 6 章 貌似陨石的地球岩石 …… 87

6.1 超基性岩 …… 89
6.2 基性岩 …… 90

6.3 铁矿石 …… 92
6.4 球状构造的地球岩石 …… 94
6.5 火山碎屑岩 …… 96
6.6 沙漠漆 …… 96
6.7 硅质岩 …… 97
6.8 黑褐色风化壳 …… 98
6.9 河卵石 …… 98
6.10 炼铁炉渣 …… 99
6.11 角砾岩 …… 100

第 7 章 球粒陨石类型与识别 …… 101

7.1 球粒陨石概述 …… 102
7.2 普通球粒陨石（OC） …… 103
7.3 碳质球粒陨石（CC） …… 113
7.4 顽火辉石球粒陨石（E） …… 130
7.5 K 球粒陨石 …… 133
7.6 R 球粒陨石 …… 135
7.7 F* 群 …… 138

第 8 章 无球粒陨石类型与识别 …… 139

8.1 无球粒陨石概述 …… 140
8.2 原始无球粒陨石 …… 141
8.3 分异的小行星陨石 …… 146
8.4 火星和月球陨石 …… 165
8.5 石铁陨石 …… 180

8.6 铁陨石 ……………………………………………………189

第 9 章　冲击变质作用 ……………………………………204

9.1 陨石坑在地球上的分布 ……………………………206
9.2 陨石撞击构造的形成过程 …………………………207
9.3 陨石撞击构造的鉴定标志 …………………………211
9.4 冲击变质岩分类 ……………………………………215

第 10 章　陨石收集收藏与探究 …………………………226

10.1 南极陨石收集 ………………………………………227
10.2 陨石收藏 ……………………………………………230
10.3 陨石探究 ……………………………………………232

主要参考文献 ……………………………………………235

后　记 ……………………………………………………238

第 1 章

太阳系小行星与前太阳颗粒

- 太阳系小行星
- 陨石与小行星对比研究
- 行星分异
- 前太阳颗粒

太阳系被认为是星云塌缩形成的以太阳为中心的所有受到太阳引力约束在一起的天体集合体。包括太阳、八大行星（水星、金星、地球、火星、木星、土星、天王星、海王星），以及至少 194 颗已知的卫星、5 颗已经辨认出来的矮行星（冥王星、阋神星、

图 1.1　太阳系结构简图

谷神星、鸟神星、妖神星）和数以亿计的太阳系小天体（图 1.1）。

2006 年 8 月 24 日，第 26 届国际天文联合会在捷克首都布拉格举行，重新定义行星这个名词，首次将冥王星排除在大行星外。

1.1 太阳系小行星

小行星一词是 1802 年由英籍德国人威廉·赫歇尔（William Herschel）（图 1.2）用以描述难以区分的小星体时提出的名词，多数陨石来源于小行星母体。随着发现的小行星越来越多，天文学者开始意识到，它们具有共同的母体。这些小行星具有一定的质量和体积，直到 19 世纪末，很多的天文学者用“星体”来描述小行星。相比于主要行星，小行星的体积很小且很难观测，直到 19 世纪 70 年代，天文学家因为小行星较小的体积和模糊的运行轨道，才开始意识到小行星对研究太阳系起源的重要性，多数小行星母体与地球及太阳系其他行星都具有 45.6 亿年的演化历史，研究陨石可以找到太阳系起源的线索，通过对陨石研究所获取的太阳系早期信息是其他探索手段所不能比的。

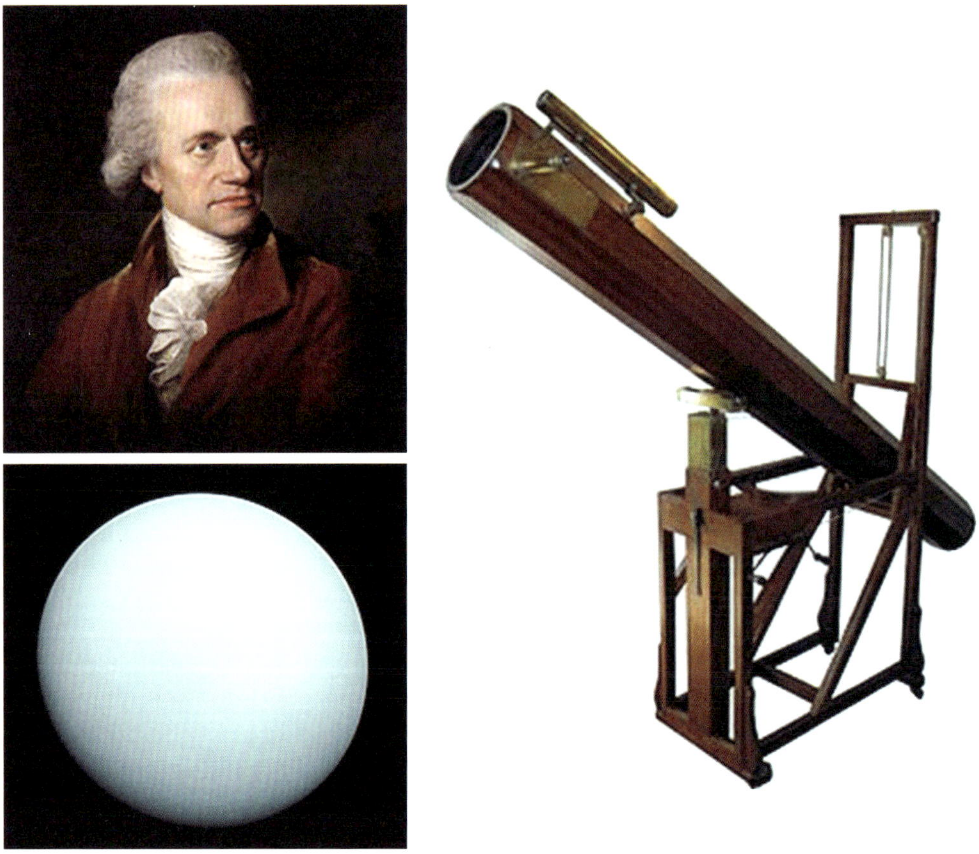

图 1.2　赫歇尔（1738.11.15—1822.8.25）及其使用过的望远镜复制品和他首次发现的天王星

（图片来源：http://spaces.ac.cn）

截至 2018 年，在太阳系内一共发现了约 127 万颗小行星，但这可能仅是所有小行星中的一小部分，其中大约有 50 万颗小行星在火星和木星之间 2 个天文单位的距离内被发现，这个带被称作小行星带，如果你身处小行星带，你永远无法数清到底有多少小行星和碎片。这些小行星只有少数的直径大于 100km。过去认为太阳系最大的小行星是谷神星，2006 年国际天文联合会将谷神星重新定义为矮行星，通过精确测量，其直径为 950km。2000 年后在柯伊伯带内发现的一些小行星的直径比谷神星要大，2002 年发现的 Quaoar 小行星的直径为 1280km，2004 年发现的 Orcus 小行星的直径甚至可能达到 1800km。2003 年发现的 Sedna（小行星 90377）位于柯伊伯带以外，其直径约 1500km。

1.1.1 小行星的发现过程

1766 年，德国有一位名叫约翰·丹尼尔·提丢斯（Johann Daniel Titius）（图 1.3）的中学教师发现一个数列：（0+4）/10=0.4；（3+4）/10=0.7；（6+4）/10=1.0；（12+4）/10=1.6；（24+4）/10=2.8；（48+4）/10=5.2（96+4）/10=10 →（$3\star2^n$+4）/10……

令提丢斯惊奇的是，他发现这个数列的每一项与当时已知的六大行星（即水星、金星、地球、火星、木星、土星）到太阳的距离比例有着一定的联系。

提丢斯的朋友，天文学家波得深知这一发现的重要意义，于 1772 年公布了提丢斯的这一发现，这个数列从此引起了天文学家的重视；并被称为提丢斯—波得定律，即太阳系行星与太阳的平均距离。

当时，人们还没有发现天王星、海王星，认为土星就是距太阳最远的行星。

图 1.3 提丢斯（1729.1.2—1796.12.16）

1781 年，赫歇尔（William Herschel）在接近 19.6 的位置上（即数列中的第八项）发现了天王星，从此，人们就对这一定律更加深信不疑。根据这一定律，在数列的第五项即 2.8 的位置上也应该对应一颗行星，只是还没有被发现。于是，许多天文学家和天文爱好者便以极大的热情，踏上了寻找这颗行星的征程。

1801 年新年的晚上，意大利神父朱塞普·皮亚齐（Giuseppe Piazzi）（图 1.4）用望远镜全神贯注地观察着星空，突然，他在望远镜里发现了一颗非常小的星星，正好在提丢斯—波得定律中 2.8 的位置上。皮亚齐称它为 Ceres（谷类和耕作女神，是西西里岛的谷粒美人），又名谷神星。这颗行星在几天的观察期内不断变动位置。可是，

图 1.4　皮亚齐（1746.7.7—1826.7.22）

图 1.5　高斯（1777.4.30—1855.2.23）

当皮亚齐再想进一步观察这颗小行星时，却病倒了。等到他恢复健康，再想寻找这颗小行星时，它却不知所踪。皮亚齐没有放弃这一机会，他认为这可能就是人们一直没有发现的那颗行星。

天文学家对皮亚齐的这一发现持有不同的看法。有人认为皮亚齐是正确的；也有人认为这可能是一颗彗星。关于这颗行星的说法不在少数，天文学界议论纷纷。

几个月过去了，人们的争论也未见分晓。这场争论引起了德国数学家高斯（图 1.5）的注意。高斯想，既然天文学家通过观察找不到谷神星，那么，是否可以通过数学方法找到它呢？许多天文学家对高斯的这一想法不以为然。天文学家都找不到谷神星，难道高斯能把它算出来吗？朋友们也劝他不要把自己的时间和才智浪费在这一毫无希望的问题上。

年轻的高斯却有自己的看法。他认为，天文学是离不开数学的。如果没有雄厚的数学知识，是不可能成为一个出色的天文学家的。在天文学发展史上，情况也正是如此。开普勒正是凭借着自己的数学才能，发现了行星运动的三大定律。牛顿也是凭着渊博的数学知识，发现了万有引力定律。

在高斯之前，著名数学家欧拉曾经研究出一种计算行星轨道的方法。可是这个方法太烦琐。高斯决心去寻找一种简便易行的方法，在前人的基础上，经过艰苦的运算，以其卓越的数学才能创立了一种崭新的行星轨道计算理论。他根据皮亚齐的观测资料，利用这种方法，只用了一个小时就算出了谷神星的轨道形状，并指出它将于何时出现在哪一片天空里。

高斯用这种方法只需要几个位置点就可以计算出一颗天体的轨道。高斯读了皮亚齐的发现后就将这颗天体的位置计算出来并送往哥达天文台。

奥伯斯于 1801 年 12 月 31 日晚重新发现了这颗行星，后来仍称为谷神星。1802 年奥伯斯又发现了另一颗行星，命名为智神星。1803 年婚神星、1807 年灶神星相继被发现，但直到 1845 年第五颗小行星义神星才被发现，此后许多小行星被很快地发现了。到 1890 年就有约 300 颗已知的小行星了。

有一些小行星由于太小而无法在地球上观测到。截至 2018 年，有 26 颗小行星的直径大于 200km。对这些可见的小行星的观测数据已基本完成，大约 99% 小行星的直径小于 100km。对那些直径在 10~100km 之间的小行星的编录工作已完成了一半。

1.1.2 小行星带

小行星带是太阳系内介于火星和木星轨道之间的小行星密集区域。在已经被编号的 546077 颗小行星中，有 98.5% 是在这个区域被发现的。小行星是由岩石或金属组成的围绕着太阳运动的小天体。因为这是小行星最密集的区域，所以这个区域被称为主小行星带，简称“主带”（图 1.6）。

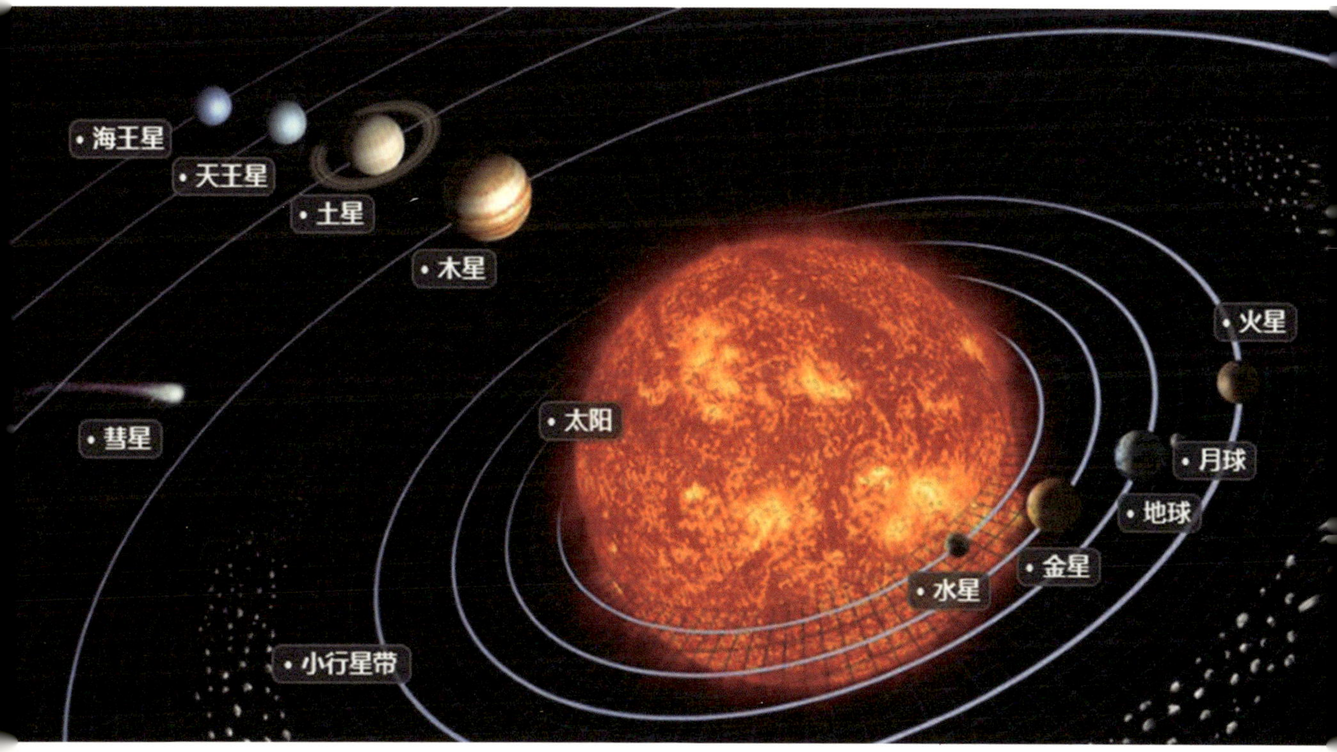

图 1.6 火星与木星之间的小行星带位置示意图

（图片来源：https://www.baiqi.com；有修改）

图 1.7 黎明号探测器 2015 年 2 月 19 日拍摄的谷神星照片
（图片来源：https://www.nasa.gov）

主带内最大的三颗小行星是智神星、婚神星和灶神星，它们的平均直径都超过 400km，同时还有一颗矮行星——谷神星，直径约 950km（图 1.7）；其余的小行星都不大，有些甚至只有尘埃大小。小行星带的物质非常稀薄，已经有好几艘太空船平安通过而未发生意外。主带内的小行星依照它们的反照率分成三大类：碳质、硅酸盐和金属类。小行星之间的碰撞可能形成拥有相似轨道特征和成因的小行星族，这些碰撞也是产生黄道光的尘埃的主要来源（图 1.8）。

图 1.8 黄道光与银河呈 V 字形
（摄影：戴建峰；拍摄地点：西藏日喀则地区佩估错）

截至 2020 年 7 月 23 日，人类已经发现地球周围有 22735 个近地天体。美国航空航天局将进行阻止小行星与地球相撞的飞船研发，并计划在 2024 年利用一颗对地球没有威胁的小行星进行测试。

1.1.3 小行星的地面观测

天文学家已经对不少小行星作了地面观察。一些知名的小行星有 4179-Toutais（图塔蒂斯）、4769-Castalia（卡斯塔利亚）、4-Vesta（灶神星）和 1620-Geographos（地理星）等。对于小行星 Toutatis、Castalia 和 Geographos，天文学家是在它们接近太阳时，在地面通过射电观察研究它们的。4-Vesta 小行星是由哈勃太空望远镜发现的。

以下为首次发现、追踪、预测降落的小行星，并最终寻获陨石的成功案例。

2008 TC3 小行星与 Almahata Sitta 橄辉无球粒陨石

2008 年 10 月 6 日卡特林那巡天系统发现了一颗具有 554~995nm 波长的平坦反射光谱的小行星，编号 2008 TC3，内部编号为 8TA9D69，是一颗直径为 2~5m 的小行星。2008 TC3 在苏丹上空爆炸并于 2008 年 10 月 7 日 02:45: 45（UTC）撞击地球。与以往被动观测不同的是，此次是天文学家首次成功对小行星撞击地球做出预报。小行星的发现者是美国亚利桑那州莱蒙山天文台（Mount Lemmon Observatory）的卡特林那巡天系统成员理查德·科瓦斯基及其同事。他们用天文台 1.5m 反射望远镜，于降落前一日，也就是 10 月 6 日偶然发现了这颗不起眼的小行星。此后小行星便难以观测。

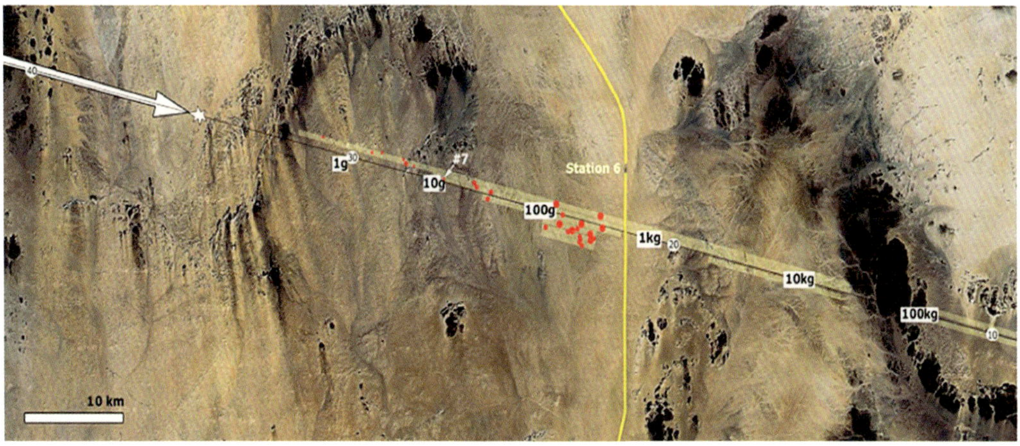

图 1.9　2008 TC3 小行星的地面投射路径与恢复的陨石发现位置

（图片来源：P. Jenniskens）

图 1.10　首批回收的 Almahata Sitta 橄辉无球粒陨石

（图片来源：P.Jenniskens）

两批来自美国和加拿大的天文爱好者都独立计算出这颗小行星的飞行轨道，发现它正向地球飞来，因此这颗小行星得到了世界范围内广泛的关注。

在小行星被发现数小时后，国际小行星中心所在的哈佛－史密斯天体物理中心宣布，小行星 2008 TC3 有 99.8%~100% 的概率将于 2008 年 10 月 7 日凌晨 2：45(UTC) 与地球相撞，NASA 更将估计时间精确到 2：45：28（UTC）。

2008 TC3 以 12.8km/s 的速度进入苏丹北部上空的大气层。小行星的轨道与西部天空的方位角为 281°，与地平线的夹角为 20°。根据 NASA 的人造卫星观测得到的数据，小行星降落产生的巨大火球于 7 日凌晨 02：45：45（UTC）出现，并在一分钟之后爆炸，随后消失不见。爆炸发生在苏丹努比亚沙漠距离地面 37km 的高空，释放出总计高达 1100~2100 吨 TNT 当量的能量，相当于一枚低级别小型核弹的威力。同时，爆炸还释放出了高能的次声波。

在这次小行星撞击事件中，来自天文学家和全世界经验丰富的天文爱好者提供的天文观测数据异常丰富。从 2008 TC3 被发现，到它进入地球本影而无法继续观测这短短的 19 小时内，NASA 收到了来自 26 个天文台和个人的 570 次观测报告。在这次撞击以前，天文学界对近地小行星撞击地球可能性的预测一直得不到理论的证明，因此，此次预测的经验对更好地研究近地小行星有着重要的意义。

1.1.4　小行星的形成原因

有理论认为小行星是太阳系形成后的物质残余；也有人认为，它们可能是一颗神秘行星的残骸，这颗行星在形成不久后遭遇了撞击而被摧毁。但从这些小行星的化学组成和同位素特征来看，它们并非同一母体。大个体的小行星在形成后由于放射性同位素衰变而产热，造成了小行星内部轻重物质的分异。

1.1.5 小行星轨道范围与小行星群

多数小行星位于地球轨道外侧到土星的轨道内侧的太空中，其中绝大多数的小行星都集中在火星与木星轨道之间的主小行星带。其中一些小行星的运行轨道与地球轨道相交，地球上的陨石坑证明历史上有一些小行星与地球发生过碰撞。

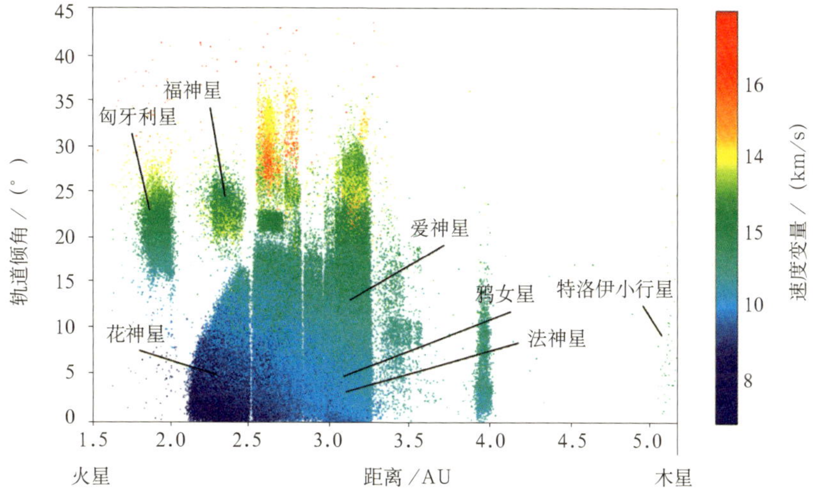

图 1.11 火星和木星之间的部分主带小行星轨道长轴和倾角及速度变量图

（据 Anthony Taylo，2018，有修改）

（1）小行星带的小行星

约 90% 已知的小行星的轨道位于小行星带中。小行星带是一个相当宽的位于火星和木星之间的空间。谷神星、智神星等首先被发现的小行星都是小行星带内的小行星。

（2）火星轨道内的小行星

火星轨道内的小行星总的来说分三群。

1）阿莫尔型小行星群：这一类小行星穿越火星轨道并来到地球轨道附近。其代表性的小行星是 1898 年发现的小行星 433- 爱神星（Eros），这颗小行星可以到达离地球 0.15AU（天文单位）的距离。1900 年和 1931 年爱神星来到地球附近时，天文学家用这个机会来确定太阳系的大小。1911 年发现的小行星 719- 阿尔伯特星（Albert）后来又失踪了，一直到 2000 年它才重新被发现。小行星 1221- 阿莫尔（Amor）的轨道位于距离太阳 1.08~2.76AU 之间，是这个小行星群相当典型的一个轨道，因此以阿莫尔命名这个小行星群。

2）阿波罗小行星群：这个群的小行星轨道位于火星和地球之间。这个群中一些小行星的轨道的偏心率非常高，它们的近日点一直到达金星轨道内。这个小行星群最典型轨道是 1932 年发现的小行星 1862- 阿波罗（Apollo），它的轨道在 0.65~2.29AU 之间。

3）阿登型小行星群：这个群的小行星的轨道一般在地球轨道以内。其命名星是 1976 年发现的小行星 2062- 阿登（Aten）。这个群的有些小行星的偏心率比较高，它们可能从地球轨道内与地球轨道相交，这些小行星被统称为近地小行星（NEA）。对这些小行星的研究愈加深入，因为它们至少理论上有可能与地球相撞。成果较多的近地天体研究项目有：林肯近地小行星研究计划（LINEAR）、近地小行星追踪（NEAT）和洛维尔天文台近地天体搜索计划（LONEOS）等。

（3）在其他行星的轨道上运行的小行星

在其他行星轨道的拉格朗日点上运行的小行星被称为特洛伊小行星。最早被发现的特洛伊小行星是在木星轨道上的小行星，它们中有些在木星前，有些在木星后运行。有代表性的木星特洛伊小行星有小行星 588 和小行星 1172。1990 年第一颗火星特洛伊小行星 5261 被发现，此后还有其他几颗火星特洛伊小行星被发现。图 1.12 为太阳到木星之间的小行星分布，主带小行星在距离太阳约 2.17~3.64AU 的空间区域最为密集。

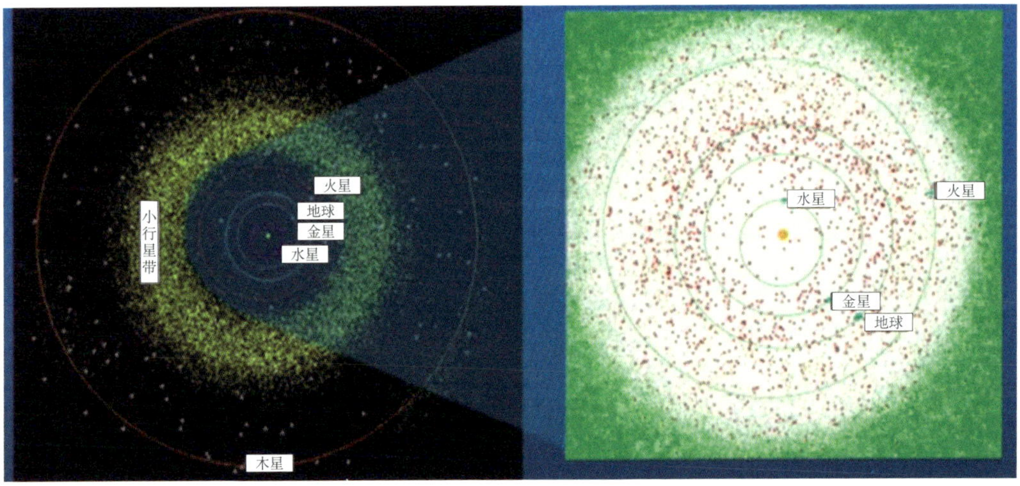

图 1.12 太阳到木星之间的小行星分布，主带小行星在距离太阳约 2.17~3.64AU 的空间区域最为密集

（图片来源：https://www.nasa.gov；修改）

1）土星和天王星之间的小行星：土星和天王星之间的小行星有一群被称为半人马小行星群的小行星，它们的偏心率都相当大。最早被发现的半人马小行星群的小行星是小行星 2060。估计这些小行星是从柯伊伯带中受到其他大行星的引力干扰而落入一个不稳定的轨道中的。

2）柯伊伯带的小行星：全称为艾吉沃斯 – 柯伊伯带（Edgeworth–Kuiper Belt；一般简称柯伊伯带，或译作古柏带、库柏带等），黄色点环为柯伊伯带（Kuiper Belt）（图 1.13）。

海王星以外的小行星属于柯伊伯带，在这里天文学家们发现了最大的小行星，如小行星 50000 等。

图 1.13 柯伊伯带是太阳系在海王星轨道（距离太阳约 30 天文单位）外黄道面附近、天体密集的中空圆盘状区域

（图片来源：http://p.baidu.com）

1.1.6 行星探测

第一次获得小行星的特写镜头是 1971 年水手 9 号（图 1.14）拍摄到的 Phobos 和 Deimos 照片，这两个小天体虽然都是火星的卫星，但可能都是被火星捕获的小行星。水手 9 号一共向地球传输了 7329 张照片，这些图像显示出多数的小行星不规则，像马铃薯的形状，火星表面坑洼不平，有死火山、大峡谷和干涸已久的河床（图 1.15）。

图 1.14 水手 9 号探测器

（图片来源：http://www.baike.com ）

图 1.15 火星照片

（图片来源：http://kepu.cn）

第一张真正的小行星特写镜头是由前往木星的伽利略号太空船在 1991 年飞掠过小行星 951- 盖斯普拉（Gaspra）拍摄的。

第一个专门探测小行星的太空计划是 1996 年 2 月 17 日发射的会合 - 舒梅克号探测器，它在前往 433- 爱神星的途中，于 1997 年拍摄了 253- 玛秀德（Mathilde），在 2000 年 2 月 14 日进入了爱神星轨道环绕，2001 年成功降落在爱神星上。

曾经被太空船在其他任务航程中简略拜访过的小行星还有 9969- 布雷尔（Braille）（深空 1 号，1999 年）和安妮法兰克（Annefrank）（星尘号，2002 年）。2005 年 11 月，日本的太空船隼鸟号抵达 25143 号小行星丝川做了详细的探测，并于 2005 年 11 月 26 日成功采集了小行星丝川的样品。隼鸟号的任务曾遭遇到一系列困难，包括电池、通信和飞行姿态的维持，但隼鸟号最终历尽周折于 2010 年 6 月 13 日成功地释放了密封舱，密封舱降落在澳大利亚，随即研究人员对其进行回收，2010 年 11 月 16 日研究人员证实隼鸟号取得 1500 个小行星丝川的物质颗粒样品（图 1.16，图 1.17）。

图 1.16 隼鸟号与小行星 “丝川”

（图片来源 http://news.sina.com.cn）

图 1.17 仅有 535m 长，294m 宽和 209m 高的“土豆”

（图片来源 http://baike.baidu.com）

欧洲空间局的罗塞塔号于 2004 年 3 月 2 日发射升空，2014 年 11 月 13 日，经历了 7 小时的等待后罗塞塔号成功释放“菲莱”着陆器，成功登陆在 67P- 楚留莫夫 - 格拉希门克（67P/Churyumov-Gerasimenko）彗星上。2016 年 9 月 30 日，罗塞塔号彗星探测器撞向 67P- 楚留莫夫 - 格拉希门克彗星，自此罗塞塔号探测器与地面失去联系，结束了长达 12 年的太空之旅。

2007 年 9 月 27 日美国国家航空航天局发射了黎明号太空船（图 1.18），在太空中漂泊近 4 年后，黎明号于 2011 年 7 月 16 日成功进入灶神星轨道，对这颗神秘的小行星展开前所未有的探测（图 1.19）。2015 年 3 月 6 日进入谷神星轨道，获取了大量探测数据（图 1.20），2018 年 11 月 4 日黎明号探测器因燃料耗尽而正式退役，工程师们预计黎明号探测器，还能在谷神星上空盘旋 20~50 年。

图 1.18 黎明号探测器

（图片来源：http://item.btime.com）

图 1.19 黎明号探测器拍摄的灶神星照片

（图片来源：http://astro.ucas.ac.cn）

图 1.20 黎明号探测器拍摄的谷神星照片

（图片来源：http://www.duitang.com）

1.2 陨石与小行星对比研究

1.2.1 概述

虽然收集到的陨石来自不同的小行星，但是并没有涵盖所有的小行星种类。地球上发现的陨石中有 86.1% 是普通球粒陨石，不具有足够的代表性。我们要做的是在实验室对比研究陨石和小行星母体的光谱学特征，简单来说，虽然没有直接获取小行星样品，但是有办法获得小行星的反照率。伽利略号太空飞船紧邻 951 Gaspra 和 243Ida 这两个可能与球粒陨石相关的小行星体，这两个小天体的表面有松散的盖层，这是长期遭到撞击形成的表土。月球和主带小行星都有类似的表面，多数物质经受长期撞击破碎，在破碎阶段，棱角分明的岩石被破碎成小块后固结成岩，称为表土角砾岩。一些表土角砾岩含有碳质球粒和普通球粒组成的陨石，最终完整地降落在地球上，这类表土角砾岩具有重要科研价值。

表土角砾岩由细小的矿物组成并破碎混合的岩石组成，当特定波长的光抵达小行星表面时，光线被吸收或反射，入射光与反射光的比叫作反照率，反照率是矿物有效反射能力的衡量指标。反射取决于不同矿物对可见光和红外线的回应，当光线经过矿物颗粒时，矿物晶体吸收特定波长的以外光线，反射回除吸收波长以外的光。表土矿物晶体不会产生像太阳一样特定的吸收峰线，相反，我们只能看到由几种矿物反射曲线叠加而成的复合曲线，这些复合曲线可以在实验室用单矿物标准反射曲线进行分离，从而计算出复合曲线是由哪些矿物反射叠加，进一步推断出小行星表面的矿物组成（图 1.21）。

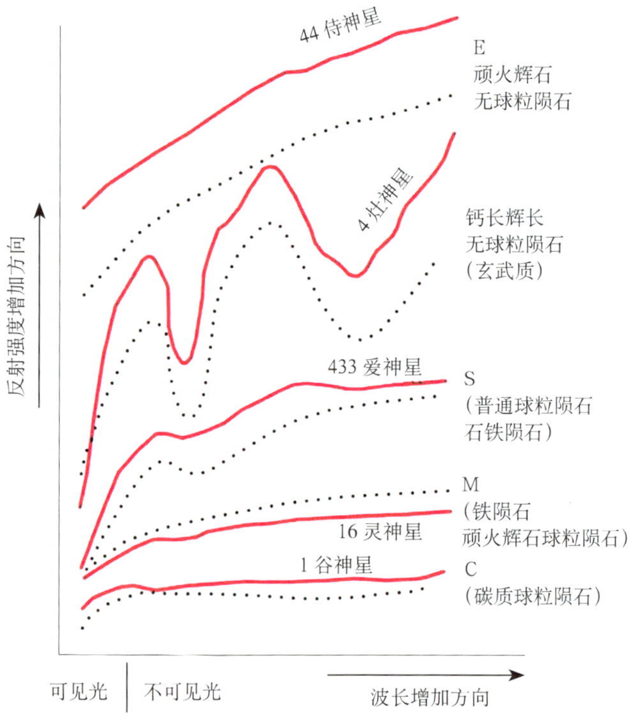

图 1.21 小行星与陨石从可见光到红外线的反射光谱曲线对比

1.2.2 小行星主要种类

通过光谱分析所得到的数据可以证明小行星的表面组成差异较大。

按反射光谱特征，小行星被分为以下几种类型：

C 类：称为碳质小行星，在主带中占比最大，约占 75%，C 类小行星的表面含碳，反照率 3%~7%，只有月球的一半。一般认为 C 类小行星的构成与 CM（化学类型）碳质球粒陨石的构成相关性较好。半数以上的 C 类小行星有混合水的痕迹，C 类小行星分布于主带小行星带的中带 3.0AU（天文单位）位置上。

S 类：这类小行星是主带中的第二大家族，它们的构成可能与普通球粒陨石（中铁陨石）十分相似，反照率在 10%~23% 之间，地球上发现的陨石中大多数是普通球粒陨石，但目前研究表明只有大约 16% 的 S 类小行星具有球粒组成，碳质球粒陨石在地球很少见，但在小行星带中却很多；普通球粒陨石在地球很多，却在小行星带中很少，这或许表明普通球粒陨石来自一个或最多几个小行星母体。地球上收集到的陨石类型与其在小行星带中所占比例存在巨大差距，因此，我们不能依据地球上收集到的陨石来推测其在小行星带中的比例。S 类小行星一般分布于小行星带的内带中部。

M 类：这类小行星与含铁的顽火辉石球粒陨石和铁陨石相关性高，可能代表过去比较大的小行星的内核组成。它们的反照率在 7%~20% 之间，分布在小行星带的中心位置。

E 类：这类小行星的表面主要由顽火辉石构成，反照率在 25%~60%，它们的构成可能与顽火辉石无球粒陨石相似，分布于小行星带的内带。

V 类：这类小行星的组成与钙长辉长无球粒陨石或玄武质岩石相似，反照率为 40%，地球上找到的 HED 族无球粒陨石，它们的组成与 V 类小行星极其相似，它们可能来自灶神星和同母体碎片。天文学家推测这类小行星与 4 号小行星灶神星相关，是从完成分异经历多次碰撞破碎的灶神星及其碎片的母体的上地壳中分离而来。灶神星的表面有较大的环形山，可能在环形山形成的过程中 V 类小行星就诞生了。V 类小行星位于主带的中间位置。

B/F/G 类：它们可以被看作是 C 类小行星的一种。它们的光谱特征非常类似，反照率在 4%~9% 之间。分布于内带到外带的广大区域。

G 类小行星在紫外线部分有不同的吸收线。

B 类小行星与 C 类小行星和 G 类小行星相似，但紫外线的光谱不同。

F 类小行星：在紫外线部分的光谱不同且缺乏水的吸收线。

P 类：这类小行星的反照率非常低，通常在 2%~7% 之间，而且其光谱主要在红色部分。它们与 M 类小行星组成相似，与顽火辉石球粒陨石和铁陨石相关性较高，它们一般分布在小行星带的外层。

D 类：这类小行星反照率在 2%~5% 之间，位于与木星轨道呈 60° 角的 L4、L5 两个点上，称为特洛伊小行星带。

Q/R 类：这类小行星与 S 类小行星类似，反照率在 10%~23% 之间，它们很可能与未风化的普通球粒陨石组成一致，其光谱特征表明它们含有不等量的辉石和橄榄石，分布于中带到内带的区域。

A 类：这类小行星反照率在 13%~40% 之间，组成与橄榄陨铁或富橄榄石陨石相似，它们是否分布在主带尚存疑问。

图 1.22 为橄榄石、辉石和铁质金属的反射光谱特征，获得小行星的反射光谱曲线后可以进行反演计算，分析出这些谱线的组成，进一步推测小行星的矿物组成。

过去人们认为小行星是一整块完整单一的岩石，但小行星的密度比一般岩石低，而且它们表面上巨大的环形山说明较大的小行星的结构比较松散。它们更像是由重力作用组合在一起的巨大的碎石堆。这样松散的物体在一般撞击下不会碎裂，而可以将撞击产生的能量吸收过来。完整单一的物体在大规模撞击下会被冲击波破碎。此外，大个体小行星的自转速度很慢，假如它们的自转速度高的话，它们可能会被自己产生的离心力解体。天文学家认为，一般直径大于 200m 的小行星主要是由撞击产生的碎石经重力重组堆叠形成的，而部分较小的碎片则成为一些小行星的卫星。

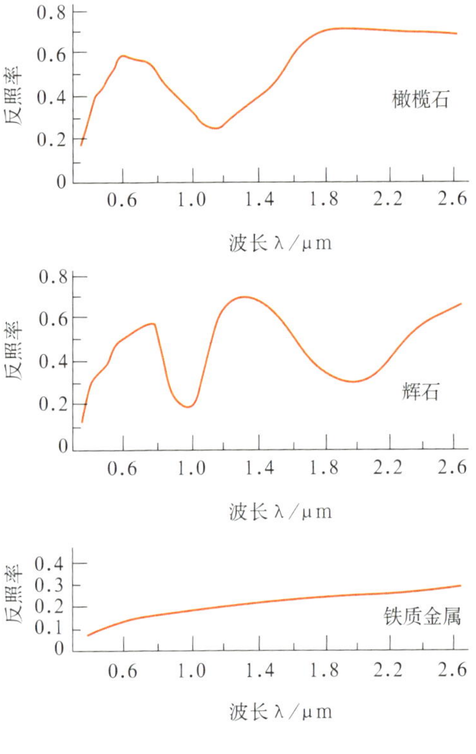

图 1.22 橄榄石、辉石和铁质金属的反射光谱特征

1.3 行星分异

当前理论研究认为无球粒陨石不含球粒陨石中的原始成分，它们是由球粒陨石质的物质通过熔融、分异作用形成的，致使其总体化学组成偏离球粒陨石质物质。依据其熔融作用程度将该类陨石进一步划分为原始的无球粒陨石和分异的陨石。

有一些陨石具有球粒陨石质的矿物组成，经历较低程度的熔融而形成无球粒陨石的结构（具有火成、变质结构），一些学者认为它们是经历超变质作用（产生岩浆的大规模变质作用）的球粒陨石，或是低程度的部分熔融的残余物质，将这类陨石称为原始无球粒陨石（primitive achondrite），它们包括含硅酸盐的铁陨石（IAB– 复合群）、Winonaites 及部分 IIE 铁陨石中的硅酸盐包体。

分异的陨石来自大规模熔融、同位素均一化、强烈分异的母体，根据金属丰度，通常划分为小行星成因的无球粒陨石族、石铁陨石族和铁陨石族，每个族包含几个陨石群和未分群的陨石。

在太阳系形成的早期阶段，大个体行星与球粒陨石的母体具有部分相同的物质组成。随着时间的推移，它们的质量逐渐增加，不断地加积散落在整个太阳系内部的岩石碎片。当行星质量达到足够大以后，内部的放射性物质衰变、与其他小行星的持续撞击都会释放热量，聚集的热量逐渐熔化行星表面和近地表岩石。重力塌缩作用产生的势能也可以转化为行星内部的热量，与此同时，埋藏在深部岩石中的放射性同位素发生衰变也会释放热量。上述所有热源叠加在一起，便能提供足够的热能来熔融成长中的行星，最后在重力分异作用下形成具有核、幔、壳结构的行星。行星在熔体到固熔体状态下便开始分异，重力分异作用是在星体中心形成一个铁核开始，不同的物质因密度不同逐渐开始分层结晶的过程，较重的矿物与轻矿物分离，重元素如铁、镍从熔体中分离出来，因密度较大会逐渐下沉到行星的质量中心，形成沉重的铁镍金属内核。较轻的元素和矿物逐渐结晶，沉积在金属内核的周围，形成玄武质地幔；密度最小的矿物如长石、石英和云母缓慢漂浮到行星最外侧，结晶形成花岗质地壳。部分无球粒陨石可能代表了完成了分异的行星母体的壳 – 幔物质残留。图 1.23 显示玄武质无球粒陨石来自完全熔融分异的母体，在重力的作用下产生分异；类地行星，则完全熔融，丢失原有的组成单元的信息。

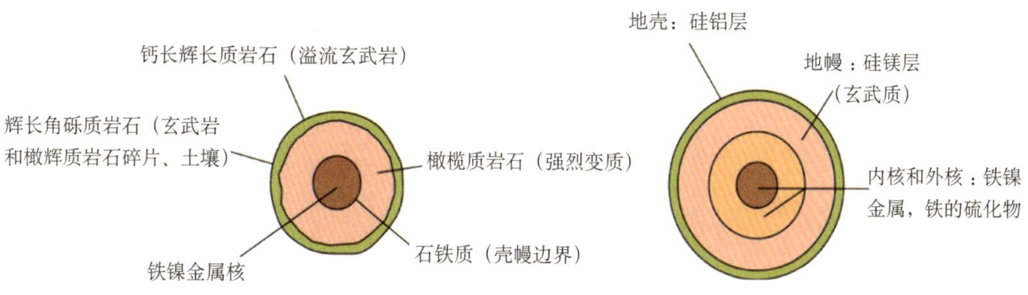

图 1.23 小行星与类地行星的分异作用

1.4 前太阳颗粒

前太阳颗粒是在太阳形成之前就已经在星际空间形成的微小固体物质。前太阳颗粒具有不同于太阳系和银河系均一化的同位素特征。这些同位素产生于其母恒星的内部，通常是辨识天体物理核过程的指纹标记。它们形成于晚期型恒星的流出物，并在恒星爆炸溅射过程中保存在太阳系，其恒星成因完全是由其同位素组成不同于太阳系确定的，无疑它们是来自古老的星团。

1975 年天文学家 Donald D. Clayton 将星际尘埃引入行星科学研究中。他同时也否认了陨石学家普遍认同的太阳系起初是均匀热气团的观点，认为在不同类型的原恒星中，能在冷凝的热气团内发现可预测的同位素组成，而具有这种同位素组成的颗粒物存在于整个星际物质中。尽管提出了这一学说，但直到在陨石内发现这样的颗粒之前，Donald D. Clayton 的观点一直没有得到其他科学家的支持。

首次证实陨石内含有星际尘埃的证据来自芝加哥的爱德华·安德斯实验室，他们的研究人员用质谱仪测试发现，用酸溶解陨石后残留的碳质残渣中的同位素丰度，几乎与红巨星的星际尘埃中的同位素丰度完全吻合。

原始陨石中大部分固体是在太阳系内形成的，残存的前太阳颗粒很小。研究最多的前太阳颗粒是碳化硅，发现于碳质球粒陨石、非平衡型的普通球粒陨石和顽火辉石球粒陨石中，其浓度可达约 10×10^{-6}，大多数颗粒直径小于 0.5μm，显示立方体（约 80%）及六方体晶型（图 1.24）。而前太阳颗粒中包含的钻石只有几纳米的大小，也因此被称为纳米级钻石。虽然它们是较早被发现的前太阳颗粒，但因为它们太小，所以研究很困难，对它们的了解也较少。

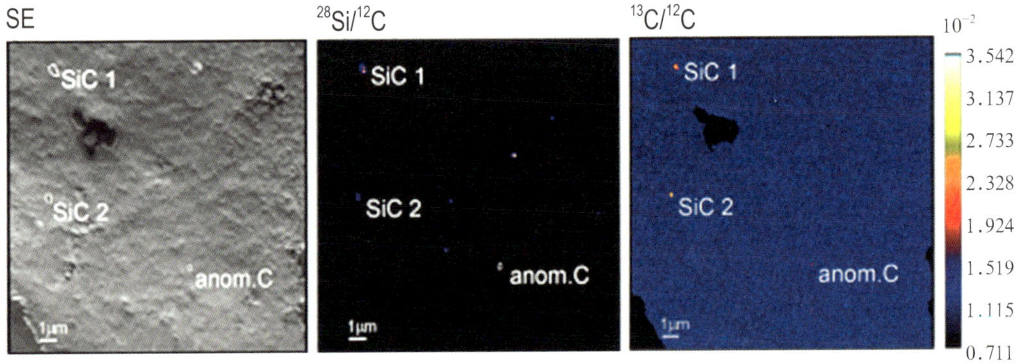

图 1.24 Tagish Lake 碳质球粒陨石中碳化硅颗粒与普通碳用不同光谱进行区分

Sic—碳化硅；anom.c—普通碳

除核合成和恒星演化以外，前太阳颗粒还可提供银河系的化学演化、恒星大气物理性质、出现前太阳颗粒的陨石母体中超新星物质喷溅混合等信息。原始陨石中前太阳颗粒的主要类型特征见下表。

原始陨石中前太阳颗粒的类型特征

颗粒类型	稀有气体组分	颗粒大小	含量	恒星来源
金刚石	Xe轻重氙同位素	2nm	1000×10^{-6}	超新星?
碳化硅（SiC） 碳化钛（TiC）	Xe–高密度相 Xe–慢中子捕获–	0.1~20μm	10×10^{-6}	A–G–B，S–Ne J–恒星，新星
石墨	Ne–低密度相 Xe–低热解温度	0.1~20μm	$1–2\times10^{-6}$	A–G–B，S–Ne
尖晶石（$MgAl_2O_4$） 黑铝钙石（$CaAl_{12}O_{19}$） 刚玉（Al_2O_3）		0.15~3μm	1×10^{-6}	A–G–B，S–Ne，R–G
氮化硅（Si_3O_4）		0.3~1μm	$\sim3\times10^{-9}$	A–G–B，S–Ne
Ti–Zr–Mo碳化物 陨碳铁矿（Fe，Ni）$_3$C		10~200nm		S–Ne
铁纹石 Fe（石墨球内铁元素）		10~20nm		S–Ne
橄榄石		0.1~3μm		

（据 Zinner，2004；修改）

第2章

陨石鉴定的矿物学基础

- 矿物的物理性质
- 矿物的光学性质
- 矿物的力学性质
- 矿物的硬度
- 矿物的密度和相对密度
- 矿物的磁性

岩石是矿物的集合体，矿物是岩石的基本单位。想要准确地鉴定陨石，必须要准确地识别出组成陨石的各种矿物在陨石中的不同表现形式。因此，学好矿物学是鉴定陨石的基础。

矿物是岩石的基本组成单位，想识别岩石，必须对矿物在岩石中的特征进行准确鉴别，对于没有系统学习过岩石和矿物的普通陨石爱好者来说，认识矿物主要依据它的物理特征。对于有经验的地质学者来说，岩石的鉴定准确率可以达到90%以上。经过长期的积累总结，普通人也可以提高矿物鉴别的准确率。下面简要介绍一些矿物学基础知识。

矿物学是一门研究地球及其他天体的物质组成及演化规律的地质基础学科，矿物学是研究矿物的成分、结构、形态、性质、产状、用途和它们的内在联系，以及矿物的时空分布规律及其形成的变化历史的科学。为地质学的其他分支学科及材料科学研究，在理论上和应用上提供必要的基础与依据。

一般认为，矿物是由地质作用或宇宙所形成的，具有一定化学成分和内部结构，在一定物理化学条件下相对稳定的天然结晶态的单质或化合物，它们是岩石和矿石的基本组成单位。

首先，矿物是地球、月球及其他天体中天然形成的产物。有时为了强调来源，也将组成月岩及陨石的矿物，称为月岩矿物和陨石矿物，或通称为宇宙矿物，而在实验室或工厂由人工方法制造出来的，与相应的天然矿物具有相同的或相似的成分、结构及性质的产物，则称为人造矿物或合成矿物，如人造金刚石、人造水晶等。

矿物具有一定的化学成分和内部结构，因此也具有一定的形态和物理化学性质，借此可以鉴别矿物种类。然而，由于形成环境的复杂性，矿物的成分结构、形态、性质等可以在一定范围内变化。矿物并非固定不变，任何一种矿物，都只是在一定的物理化学条件下相对稳定存在，当矿物所处的外界条件改变，甚至超出矿物的稳定范围时，矿物就会转变成新条件下可以稳定存在的其他矿物。如黄铜矿，在地表风化条件下形成孔雀石、蓝铜矿、铜蓝、自然铜等。

2.1 矿物的物理性质

矿物的物理性质，取决于矿物本身的化学组成和内部结构。由于矿物一般都是晶体，因而其物理性质皆具均一性、对称性和异向性。矿物的物理性质是鉴别矿物的主要依据。肉眼鉴定矿物主要依靠其物理特征。研究矿物的物理特征，可以提供有关矿物成因的信息。

2.2 矿物的光学性质

矿物的光学性质是指矿物对可见光的反射、折射、吸收等表现出来的综合特征。

2.2.1 矿物的颜色

颜色是矿物最明显最直观的性质，对鉴定矿物种类具有重要的意义。矿物的颜色是矿物对入射的白色可见光中不同波长的光波，吸收后透射和反射的各种波长可见光的混合色。可见光波长范围为400~700nm，仅为电磁波谱中很小的一部分（图2.1）。

自然光呈白色，它是由红橙黄绿蓝青紫7种颜色的光波组成。不同颜色的光，波长各不相同。不同颜色的互补关系，如图2.2所示。

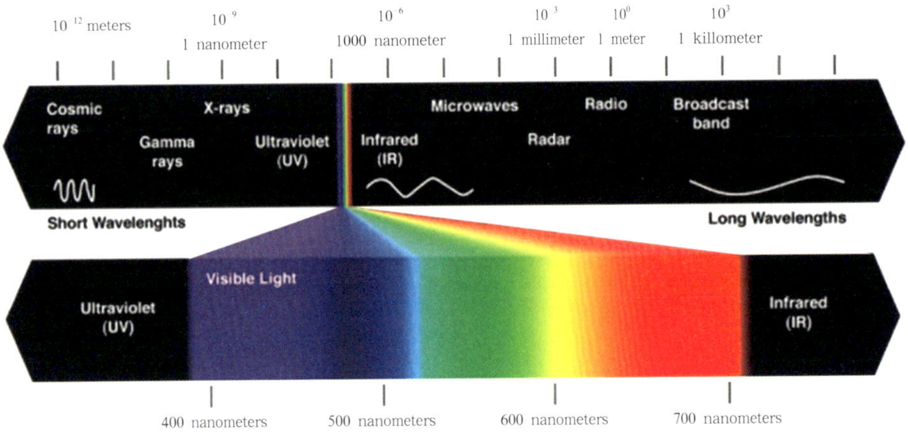

图2.1 可见光波长仅为电磁波谱中很小的一部分

（图片来源：https：//www.sohu.com）

当矿物对白光中不同波长的光波，同等程度均匀吸收时，矿物所呈现的颜色，取决于吸收程度。如果是均匀的全部吸收，矿物即呈黑色；如果基本上都不吸收，则为无色或白色；若各色光波被均匀地吸收了一部分，则视其吸收量的多少，而呈现出不同浓度的灰色；如果矿物只是选择性地吸收某种波长的色光时，则矿物呈现出被吸收颜色的互补色。

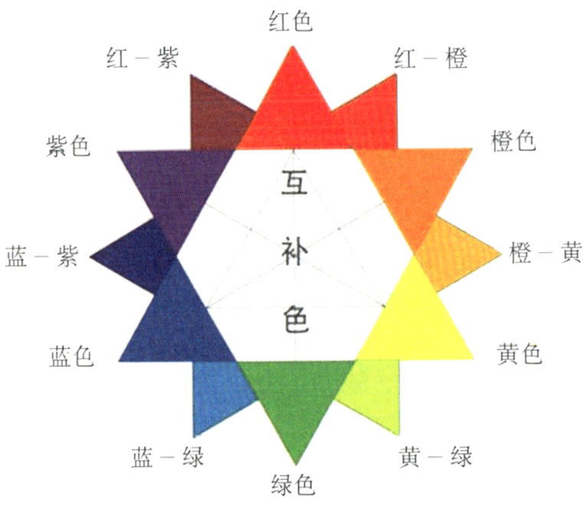

图2.2 互补色的对应关系

（图片来源：http：//fashion.sohu.com）

矿物的颜色，根据产生的原因，通常可分为自色、他色和假色。

（1）自色

由矿物本身固有的化学成分和内部结构所决定的颜色，是由于组成矿物的原子或离子，在可见光的激发下，发生电子跃迁或转移所造成的。对同种矿物来说，自色一般相当稳定，因而是鉴别矿物的重要依据之一。

矿物的自色，多数是由于组成矿物的原子或离子受到可见光的激发，发生电子跃迁，或电荷转移而造成的，其呈色机理主要有 4 种：①离子内部电子跃迁；②离子间电荷转移；③能带间电子跃迁；④色心。色心是指一种能选择性吸收可见光波的晶格缺陷，它能引起相应的电子跃迁而致矿物成色。

矿物的自色又可分为体色和表面色。对于透明或半透明的矿物，可见光入射到晶体内一定的深度，某些电子从基态跃迁到激发态所需的能量，正好与某波长的可见光的能量相当时，这些电子即可吸收入射光的这部分色光，而从基态跃迁到激发态，剩余部分的色光，则重新透射散射，或反射出矿物表面，而使矿物呈现的颜色，称为矿物的体色，即透光的颜色，它表现为被吸收光的互补色。例如，橄榄石的橄榄绿色，就是其主要吸收紫色光所致的体色（图 2.3）。

图 2.3　橄榄石特征性的橄榄绿色

（2）他色

他色是指矿物含外带色的，杂质、气泡、包裹体等所引起的颜色，它与矿物本身的成分结构无关，不是矿物固有的颜色，无鉴定意义。

（3）假色

假色是由物理光学效应所引起的颜色，是自然光照射在矿物表面，或进入矿物内部，所产生的干涉、衍射、散射等引起的颜色，假色只对个别矿物有鉴别意义。

矿物常见的假色主要有：

1）锖色。某些不透明矿物的表面，氧化膜引起反射光的干涉作用，从而使矿物表面呈现出斑驳陆离的彩色，即是锖色。如斑铜矿表面独特的蓝靛红紫斑驳的彩色（图 2.4），可作为辅助鉴定特征。

图 2.4 斑铜矿的锖色

（图片来源：http：//bentonite.cnpowder.com.cn）

2）晕色。某些透明矿物内部一系列平行密集的解理面或裂隙面，对光连续反射，从而引起光的干涉。在矿物表面出现如同水面上的油膜所形成的彩虹般的色带，称为晕色。在白云母、冰洲石等无色透明晶体的解理面最易见到（图 2.5）。

图 2.5 冰洲石和白云母晶面晕色，似水面上的油膜，彩虹般的色带

3）变彩。是指在不同方向观察某种透明矿物时，其不均匀分布的各种颜色会随之发生变换。如欧泊、拉长石具有蓝绿、金黄、红紫色等连续改变的变彩（图 2.6）。

4）乳光。指在矿物中见到类似蛋清般的略带柔和蓝色调的乳白色浮光。产生原因是矿物内部含有许多比可见光波长小的其他矿物或胶体微粒，使入射光发生漫反射而引起的。如月光石，可见到这种乳光（图 2.7）。

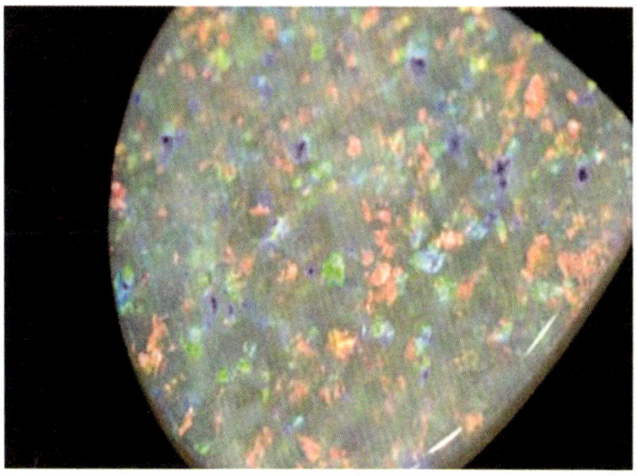

图 2.6 欧泊的变彩，产生多种颜色

图 2.7 月光石的微带蓝色的乳光

2.2.2 矿物的条痕

矿物的条痕是指矿物粉末的颜色，通常是指在白色无釉瓷板上摩擦所留下的粉末颜色（图 2.8）。矿物的条痕能够消除假色，减弱他色，突出自色。它比矿物颗粒的颜色更为稳定、更有鉴定意义，例如不同成因的赤铁矿可呈现钢灰、铁黑、红褐等颜色，但其条痕色总是呈现特征的樱红色。条痕对于鉴定不透明矿物和颜色鲜艳的透明半透明矿物，尤其是硫化物，或部分氧化物和自然元素矿物，具有鉴定意义。而浅色或白色、无色的透明矿物，其条痕色多为白色、浅灰色等较浅颜色，无鉴定意义。尤其对硬度大于 6.5 的硅酸盐，条痕色没有鉴定意义。有些矿物由于类质同象混入物的影响，其条痕的颜色会有所变化。

图 2.8 条痕色，矿物在白色无釉瓷板上刻划留下的颜色

2.2.3 矿物的透明度

矿物的透明度指矿物允许可见光透过的程度。矿物肉眼鉴定时，通常是依据矿物碎片刃边的透光程度，配合矿物的条痕，将矿物的透明度划分为三级（图 2.9）。

1）透明，能允许大部分光透过，如石英、方解石等。

图 2.9 矿物的透明度

a—石英，透明；b—方解石，透明 ； c—雄黄，半透明；d—磁铁矿，不透明

2）半透明，允许部分光通过。如雄黄、黑钨矿等。

3）不透明，基本不允许光通过矿物，呈黑色或金属色条痕。如方铅矿、磁铁矿和石墨等。

矿物的透明度主要与其对可见光的吸收程度有关。吸收系数大的矿物，其透明度就低。

2.2.4 矿物的光泽

矿物的光泽是指矿物表面对可见光的反射能力。矿物反光强弱主要取决于矿物对光的折射和吸收的程度，折射及吸收越强，矿物反光能力越强。

矿物在肉眼鉴定时，根据矿物新鲜晶面、解理面或磨光面上反光能力的强弱，同时配合矿物的条痕和透明度，将矿物的光泽分为四个等级（图 2.10）。

1）金属光泽：反光能力强，是平滑金属磨光面的反光，矿物具有金属色，条痕呈黑色或金属色，不透明，如方铅矿、黄铁矿和自然金。

2）半金属光泽：反光能力较强，是未经磨光的金属表面的反光，矿物呈金属色，条痕为深彩色，如棕色、褐色，不透明至半透明，如赤铁矿、黑钨矿等。

3）金刚光泽：反光能力较强，似金刚石般明亮耀眼的反光，矿物颜色和条痕均为浅色，如浅黄、橘红、浅绿，白色或无色，半透明－透明，如雄黄和金刚石。

4）玻璃光泽：反光能力相对较弱，呈普通、平板玻璃表面的反光，矿物为无色，白色或浅色，条痕呈无色或白色，透明，如方解石、石英。

图 2.10 矿物的光泽

a—金属光泽，黄铁矿；b—半金属光泽，黑钨矿；c—金刚光泽，金刚石；d—玻璃光泽，方解石

此外，在矿物不平坦的表面，或岩矿石表面上，常表现出一些特殊的变异光泽（图 2.11），主要有：

1）油脂光泽：某些具玻璃光泽或金刚光泽，解理不发育的浅色透明矿物，在其不平坦的断口，所呈现的如同油脂般的光泽，如石英、石榴子石等。

2）树脂光泽：在某些金刚光泽的黄褐色或棕色透明矿物的不平坦断口上，可见似松香般的光泽，如铅闪锌矿和雄黄等。

3）沥青光泽：解理不发育的半透明和不透明黑色矿物，其不平坦的断口上，具有乌黑的沥青状光泽，如沥青铀矿。

4）珍珠光泽：浅色透明矿物的极完全的解理面上，呈现出如同珍珠表面或蚌壳内壁的柔和多彩的光泽，如白云母、透石膏等。

5）丝绢光泽：无色或浅色，具玻璃光泽的透明矿物的纤维状集合体表面，呈现蚕丝或丝织品状的光亮，如石棉。

6）蜡状光泽：某些透明矿物的隐晶质或无晶质致密块体上，呈现如蜡烛表面的光泽，如叶蜡石、蛇纹石。

7）土状光泽：呈土状、粉末状，或疏松多孔状集合体的矿物，表面如同土块般暗淡无色，如高岭土和褐铁矿。

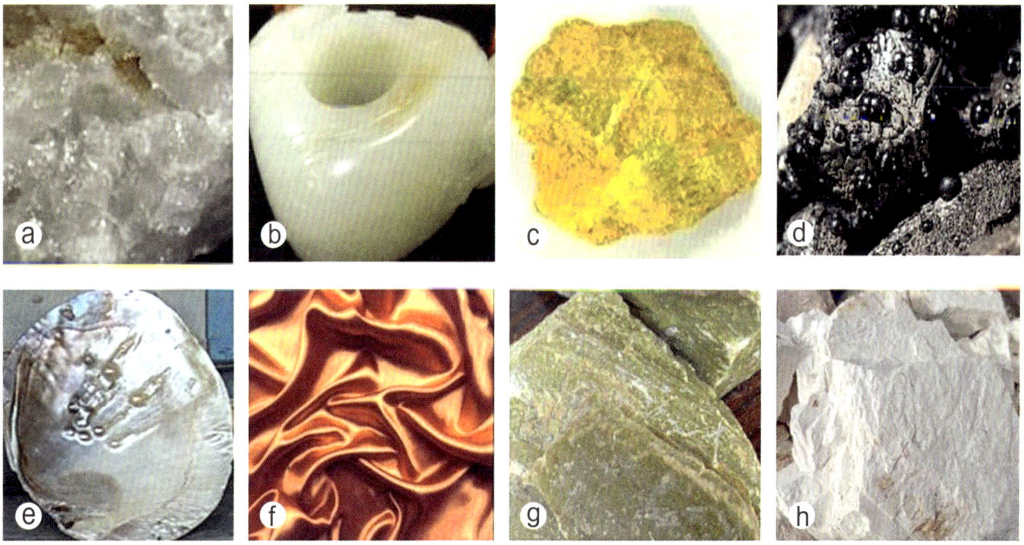

图 2.11 矿物特殊的变异光泽

a、b—油脂光泽；c—树脂光泽；d—沥青光泽；e—珍珠光泽；f—丝绢光泽；g—蜡状光泽；h—土状光泽

2.3 矿物的力学性质

矿物的力学性质是指矿物在受外力敲打、挤压、拉伸和刻划等所表现出来的性质。

解理、裂开和断口，都是矿物在应力作用下，应变超过了其弹性限度时所发生的破裂。

2.3.1 解理

矿物晶体受力作用超过其弹性限度时，沿一定结晶学方向破裂成一系列光滑平面的性质，称为解理，这些光滑的平面称为解理面。解理是晶质矿物才具有的特性。解理面常沿着面网间化学键力最弱的面网产生，是体现矿物晶体异向性的具体表现之一。对矿物解理的观察与描述，不但要注意解理的方向、组数及夹角，还应重视确定解理的等级。通常将解理分为五个等级（图 2.12）。

1）极完全解理：矿物受力后裂成薄片，解理面平整光滑，如云母、石墨等。

2）完全解理：矿物受力后裂成光滑的平面或规则的解理块，解理面显著而平滑，常见平行解理面的阶梯，如方铅矿、方解石。

3）中等解理：矿物受力后常沿解理面破裂，解理面较小，不十分光滑，不连续，常呈阶梯状，却仍闪闪发光，清晰可见，如普通辉石、蓝晶石。

4）不完全解理：矿物受力后不易裂出解理面，仅断续可见小而不平滑的解理面，如磷灰石、橄榄石。

5）极不完全解理：矿物受力后很难出现解理面，仅在显微镜下偶尔可见零星的解理缝，通常称为无解理。

图 2.12 矿物的解理

a—极完全解理，黑云母；b—完全解理，方解石；c—中等解理，斜长石；d—不完全解理，磷灰石

2.3.2 裂开

指某些矿物晶体在应力作用下有时可沿着晶格内一定的结晶方向破裂成平面的性质。裂开不直接受晶体结构控制，而是取决于杂质的夹层及机械双晶等结构以外的无固有因素，裂开不是矿物本身固有的特征，它只见于某些矿物的某些晶体上，不如解理稳定，也可能不遵循晶体的对称性。

2.3.3 断口

矿物内部若不存在有晶体结构所控制的弱结合面网，则其受力后将沿任意方向破裂而形成各种不平整的断面，称为断口。矿物的解理与断口产生的难易程度是互为消长的。断口具有不对称性，并不反映矿物的任何内部特征，因此，断口只可作为鉴定矿物的辅助依据（图 2.13）。常见的断口有：

1）贝壳状断口：呈圆形或椭圆形的光滑曲面，并出现以受力点为中心，很不规则的同心圆波纹，形似贝壳。

2）锯齿状断口：呈尖锐锯齿状，见于延展性较强的自然金属元素。

3）参差状断口：参差不平状，大多数脆性矿物，以及呈块状或粒状的矿物集合体，具有此种断口。

4）平坦状断口：断面较平坦，主要见于块状矿物，如块状高岭石。

5）土状断口：断面粗糙，呈细粉状，为土状矿物特有。

6）纤维状断口：断面呈纤维状，见于纤维状矿物集合体，如石棉。

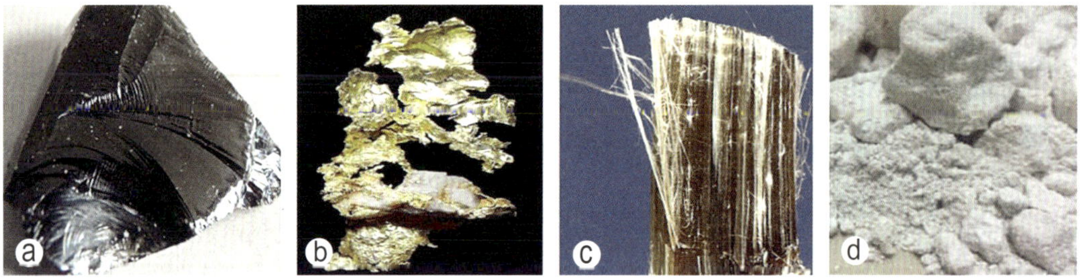

图 2.13 矿物的断口

a—贝壳状断口；b—锯齿状断口；c—纤维状断口；d—土状断口

2.4 矿物的硬度

矿物的硬度是指矿物抵抗外来机械作用的能力，如刻划、压入、研磨的能力，它是鉴定矿物的重要特征之一。矿物在肉眼鉴定中常采用摩氏硬度（图 2.14）。摩氏硬度计用 10 种矿物表示，代表 10 种硬度级别。

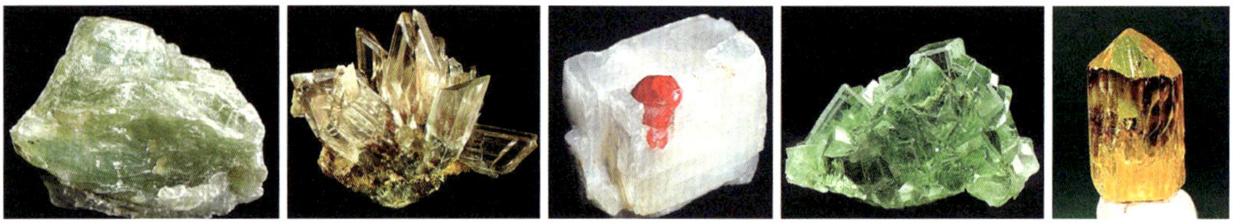

1—滑石　2—石膏　3—方解石　3—萤石　4—磷灰石

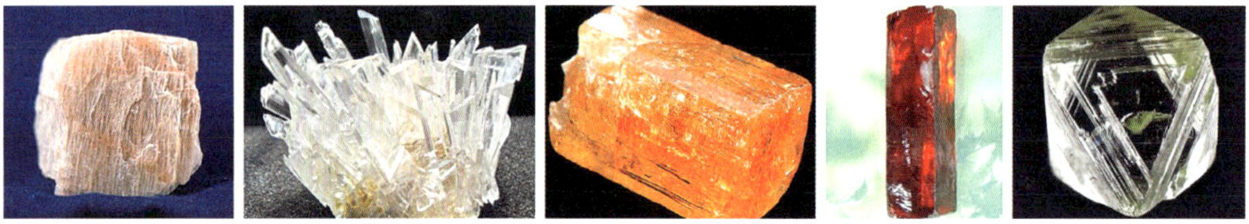

6—正长石　7—石英　8—黄玉　9—刚玉　10—金刚石

图 2.14 代表摩氏硬度的 10 种矿物

摩氏硬度是一种相对硬度，尽管较粗略，使用却极为方便，实际鉴定时可以采用更简便的工具，如指甲（2.0~2.5）、小钢刀（5~6）来代替硬度计。

必须指出的是，有些矿物硬度具有异向性，同一矿物晶体的不同单形的晶面上，甚至同一平面的不同方向上，硬度会有差异，这在矿物鉴定及应用中有着极为重要的意义。如蓝晶石，晶面不同方向硬度不同，金刚石具有极高的硬度，但在（111），（110），（100）三个晶面上的硬度，依次降低，因此，金刚石被广泛用于研磨、切割、抛光。

2.5 矿物的密度和相对密度

矿物的密度指矿物单位体积的质量，其常用单位是 g/cm^3，它可以根据矿物晶胞大小及所含分子数和相对分子质量计算得出。矿物的相对密度，指纯净的单矿物在空气中的质量，与 4℃时同体积的水的质量之比（图 2.15）。

图 2.15 矿物的密度和相对密度

a—翡翠；密度 3.3~3.6 g/cm^3；b—重晶石；相对密度为 4.5

（图片来源：http：//zhuanlan.zhihu.com；http：//www.ominet.cn）

矿物肉眼鉴定时，通常是凭经验，用手掂量，将矿物的相对密度分为三个等级。

1）轻的：相对密度小于 2.5，如石墨，石盐和石膏。

2）中等：大多数无金属矿物，相对密度在 2.5~4 之间，如石英、萤石、金刚石等。

3）重的：相对密度大于 4，硫化物及自然金属元素的矿物相对密度，基本上在此范围内，如黄铁矿，4.9~5.2；重晶石，4.5。

从操作经验来看，鸡蛋大小的岩石，感觉稍微坠手，它的密度在 3g/cm^3 左右（翡翠 3.5 g/cm^3）；感觉明显坠手，密度在 4g/cm^3 左右；如果感觉像铁一样沉重，密度在 7g/cm^3 左右。

2.6 矿物的磁性

矿物的磁性是指矿物在磁场作用下被磁化所表现出来的，能被外磁场吸引，排斥，或对外界产生磁场的性质。矿物的磁性可以由磁化率，即物体单位体积的磁化强度与外磁场强度之比来表示。

矿物的磁性按其在外磁场中的磁化的强弱，可分为亚铁磁性、铁磁性、钒铁磁性、顺磁性和抗磁性。抗磁性矿物，磁化方向与外磁场方向相反，略微表现出被排斥的性质，其他磁性的矿物均呈现与外磁场磁化方向相同的磁化方向，表现出被吸引的性质，如顺磁性矿物黑云母、普通辉石、黑钨矿和反磁性矿物赤铁矿等，在外磁场中磁化微弱，只能被磁场强度大的电磁铁吸引，所以也可合称为电磁性矿物。铁磁性（如自然铁）和亚铁磁性（磁黄铁矿、磁铁矿）等，矿物在外磁场中不仅易被强烈磁化，而且本身还能对外界产生磁场，因而表现出强烈的相互吸引作用，它们既可以被永久磁铁所吸引，也可以吸引铁质物体，故有时合称为磁性矿物。

磁性矿物的磁性强弱与温度有关，当温度升高，超过某一特定温度时，其磁性体转变为顺磁性，这一转变温度称为居里温度或居里点。磁性矿物的磁性，能提供相关控制成分的结构及成因方面的信息。

肉眼鉴定矿物，一般以马蹄形磁铁或磁化小刀来测试矿物的磁性，常粗略地分为三级。

1）强磁性。矿物的块体或较大的颗粒，能被吸引，如磁铁矿。

2）弱磁性。矿物粉末能被吸引，如铬铁矿。

3）无磁性。矿物粉末不能被吸引，如黄铁矿。

图 2.16　矿物的磁性

a—磁铁矿，具有强磁性；b—磁黄铁矿，具有弱磁性

（图片来源：http：//news.d17.cn）

第 3 章

陨石鉴定的常用矿物

- 橄榄石
- 辉石
- 长石
- 铁镍金属
- 石英
- 角闪石
- 云母

在陨石内发现的所有矿物中，橄榄石、辉石、长石和铁镍金属是最丰富的，也是最重要的。

3.1 橄榄石

橄榄石（olivine）是一种镁铁单岛状硅酸盐，化学组成为（Mg，Fe）$_2$[SiO_4]，成分中除镁和铁呈完全类质同象外，还有Mn，Ca，Al，Ti，Ni等次要的类质同象代替。

（1）物理化学性质

类质同象：可以分为3个系列。

1）镁橄榄石 $Mg_2[SiO_4]$– 铁橄榄石 $Fe_2[SiO_4]$。

2）锰橄榄石 $Mn_2[SiO_4]$– 铁橄榄石 $Fe_2[SiO_4]$。

3）钙镁橄榄石（Ca，Mg）$_2$ [SiO_4]– 钙铁橄榄石（Ca，Fe）$_2$ [SiO_4]。

自然界分布最广泛的是镁橄榄石（Fo）– 铁橄榄石（Fa）系列，可以形成完全类质同象，细分为6个矿物种：即镁橄榄石（Fo100%~90%，Fa0%~10%）、贵橄榄石（Fo90%~70%，Fa10%~30%）、透铁橄榄石（Fo70%~50%，Fa30%~50%）、镁铁橄榄石（Fo50%~30%，Fa50%~70%）、低镁富铁橄榄石（Fo30%~10%，Fa70%~90%）、铁橄榄石（Fo10%~0%，Fa90%~100%）。

晶体结构：斜方晶系，橄榄石为单岛状硅酸盐，因此，O^{2-} 能实现最紧密堆积。

形态：晶体呈柱状或厚板状，完好晶形者少见，一般呈不规则他形粒状集合体。

物理性质：镁橄榄石，为灰白色、淡黄色或淡绿色，随着成分中 Fe^{2+} 含量的增加，颜色加深而呈深黄色至墨绿色或黑色。一般铁橄榄石，为橄榄绿色，玻璃光泽，透明至半透明，解理｛010｝中等，常见贝壳状断口，硬度6.5~7.0，相对密度随 Fe^{2+} 含量的增加而增高（3.27~4.37）。

图3.1为纯橄岩、橄榄岩标本和橄榄陨铁切片，其中的橄榄石呈橄榄绿色或褐黄色。

（2）成因及产状

橄榄石主要产于富镁贫硅的超基性岩、基性岩及矽卡岩、变质岩中，它是地幔岩石的主要成分，也是陨石的主要组成矿物，除特殊化学类型的陨石外，常见的陨石中，都会含有一定量的橄榄石。另有少量铁陨石含有硅酸盐包体，这些包体的主要成分也是橄榄石和辉石的集合体。

图 3.1 呈橄榄绿色或褐黄色的橄榄石

a—纯橄岩；b、c—橄榄岩；d—橄榄陨铁切片

（图片来源：http：//ms.zjer.cn）

橄榄石受热液作用和风化作用容易蚀变，常见产物是蛇纹石，低温蚀变产物为伊丁石。

（3）鉴定特征

以其特有的橄榄绿色、粒状、解理差、贝壳状断口为特征，也可根据产状鉴定。

3.2 辉石

辉石是链状硅酸盐，是顽火辉石、铁辉石和硅辉石的混合固溶体。辉石族矿物的化学通式可表示为 $XY[T_2O_6]$，当 X 为 Na^+，Ca^{2+}，Li^+ 等大半径阳离子时，往往形成单斜晶系。当 X 为 Fe^{3+}，Mg^{2+} 等小半径阳离子时，一般为斜方晶系。根据晶体类型，可以将辉石族矿物划分成为斜方辉石亚族和单斜辉石亚族。图 3.2 为辉石分类。

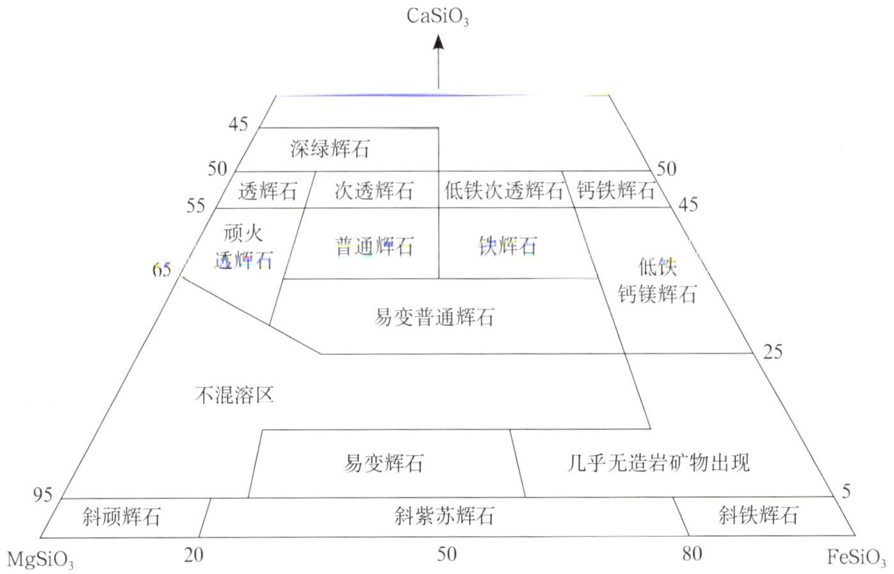

图 3.2　辉石分类图

3.2.1　斜方辉石亚族（orthopyroxene）

斜方辉石是顽火辉石与铁辉石类质同象系列。根据顽火辉石（En）与铁辉石（Fs）的两个端元，可以详细划分为 6 个矿物种：即顽火辉石（En 100%~88%，Fs 0%~12%）、古铜辉石（En 88%~70%，Fs 12%~30%）、紫苏辉石（En 70%~50%，Fs 30%~50%）、铁紫苏辉石（En 50%~30%，Fs 50%~70%）、尤莱辉石（En 30%~10%，Fs 70%~90%）、铁辉石（En 10%~0，Fs 90%~100%）。顽火辉石、古铜辉石、紫苏辉石相对较常见。

（1）顽火辉石（enstatite）

化学组成：化学式为 $Mg_2[Si_2O_6]$，有四个同质多象变体：原顽火辉石（稳定于 1000~1557℃）、顽火辉石（630~1000℃）、高温单斜顽火辉石（＞ 980℃）、低温单斜顽火辉石（＜ 630℃）

形态：晶体呈粒状，有时具有简单双晶或聚片双晶，常具出溶片晶构造。

物理性质：无色、黄色或灰褐色，玻璃光泽，解理｛210｝完全，夹角 87°；硬度 5~6，相对密度 3.2~3.3。

（2）紫苏辉石（hypersthene）

化学组成：化学式为（Mg，Fe）$_2[Si_2O_6]$，紫苏辉石有两个同质多象变体，高温单斜紫苏辉石和低温单斜紫苏辉石。

形态：晶体常呈柱状，以平行双面 {100}，{010} 和斜方柱 {210} 较发育，出溶片晶构造极为常见。

物理性质：灰绿色、灰褐色、浅绿色直至浅灰色，玻璃光泽。解理 {210} 完全，夹角 87°；硬度 5~6，相对密度 3.3~3.87。

图 3.3 和图 3.4 分别为岩石和陨石中的紫苏辉石。

图 3.3 紫苏辉石晶体

（图片来源：http：//baike.baidu.com）

图 3.4 Johnstown 辉橄无球粒陨石（原奥长古铜无球粒陨石）中深绿色的紫苏辉石

（3）古铜辉石（bronzite）

化学式：$(Mg, Fe)_2[Si_2O_6]$。

形态：晶体常呈短柱状，集合体呈放射状、块状或粒状（图 3.5）。

物理性质：古铜色，玻璃光泽。解理 {210} 完全，夹角 87°；硬度 5~6，相对密度 3.1~3.6，密度随铁含量增加而增大。

H 群普通球粒陨石曾经以主要矿物命名为“古铜辉石球粒陨石”或“橄榄古铜球粒陨石”，现已废弃。

图 3.5 古铜辉石晶体

（图片来源：http：//www.thjy.org）

3.2.2 单斜辉石亚族（clinopyroxene）

（1）透辉石 - 钙铁辉石（diopside-hedenbergite）

透辉石（Di）与钙铁辉石（Hed）为一完全类质同象系列，可以根据两端的端元组分物质的量比划分为 4 个矿物种；透辉石（Di100%~75%，Hed0%~25%）、次透辉石

（Di75%~50%，Hed25%~50%）、铁次透辉石（Di50%~25%，Hed50%~75%）、钙铁辉石（Di25%~0，Hed75%~100%）.

化学组成：成分中有 Na，Al，Cr，Ti，Ni，Mn，Zn 等类质同象替代物和磁铁矿、钛铁矿等机械混入伍物，成分复杂，可形成很多变种。

形态：柱状晶体，晶体横断面呈正方形或正八边形。

物理性质：白色、灰绿、绿至褐绿色、暗绿色、黑色等，两组解理，解理夹角 87°，具有{100}，{010}裂开，硬度 5~6，相对密度 3.22~3.56。

（2）普通辉石（augite）

化学组成：化学式为 Ca（Mg，Fe，Ti，Al）[（Si，Al）$_2$O$_6$]，普通辉石次要成分有 Ti、Na，Gr，Ni，Mn 等。

形态：短柱状晶体，横断面呈正八边形，普通辉石亦成粒状，简单双晶和聚片双晶较常见。

物理性质：灰褐色，绿色，条痕无色至浅黄色，解理完全，夹角 87°，硬度 5.5~6，相对密度 3.23~3.52。

图 3.6 为单斜辉石亚族的常见矿物。

图 3.6 单斜辉石亚族的常见矿物

a—透辉石晶体；b—普通辉石晶体；c—橄榄玄武岩中的辉石巨晶；d—辉长岩中的辉石（黑色）
（图片来源：http：//tupian.baike.com；http：//www.chinaneolithic.com）

3.2.3 硅灰石（wollastonite）

化学组成：化学式为 $Ca_3[Si_3O_9]$，常含类质同象混入物 Fe，Mn，Mg 等，当达到一定量时可以形成铁硅灰石、锰硅灰石等品种。

形态：晶体常呈板状、片状，放射状或纤维状集合体。

物理性质：白色或带灰的、浅红的白色，少数呈肉红色，玻璃光泽，解理面有时呈珍珠光泽，解理完全。硬度 4.5~5.5，相对密度 2.75~3.10。

3.3 长石

长石族矿物主要有 4 种：钾长石、钠长石、钙长石和钡长石。

自然界产出的长石大多数为钾长石、钠长石和钙长石三者的固溶体。钡长石在自然界中产出很少，在碱性长石或斜长石中如果 BaO 含量超过 2%，可命名为某一种长石的成分变种。

斜长石是钠长石和钙长石两个单元成分组成的类质同象系列。在常温下的某些区间内并不能相互混溶，形成两相长石的显微连生体，但通常仍不正确地把它们看作是完全类质同象系列。

钠长石 Ab90%~100%，An0~10%。

奥（更）长石 Ab70%~90%，An10%~30%。

中长石 Ab50%~70%，An30%~50%。

拉长石 Ab50%~30%，An50%~70%。

培长石 Ab30%~10%，An70%~90%。

钙长石 Ab0~10%，An90%~100%。

斜长石的组成中经常有钾长石存在，并可以还有极少量的钙长石分子，一般来说钙长石分子越多的斜长石，钾长石分子越少，通常不超过 5%，但含钙长石少的，则含有更多的钾长石。

斜长石的双晶多种多样，最常见的是钠长石律和肖钠长石律。

物理性质：白色或灰白色，如出现其他色调，往往是杂质引起的，玻璃光泽，两组解理完全，硬度 6~6.5，相对密度 2.61~2.76。斜长石的许多物理性质，如密度和折射率，随成分变化而变化。长石族矿物风化或热液蚀变可转变为高岭石、绢云母、沸石、方柱石、葡萄石等。

图 3.7 和图 3.8 分别为南极陨石 MIL 090070 月球高地斜长岩和不同岩石中的长石族矿物。

图 3.7　回收的南极陨石 MIL 090070 月球高地斜长岩

（图片来源：https：//www.nasa.gov；修改）

图 3.8　不同岩石中的长石族矿物

a—斑岩中的斜长石斑晶；b—伟晶岩中的钾长石晶体；c—石榴子石二长片麻岩的组成矿物

（图片来源：http：//www.chinaneolithic.com）

3.4　铁镍金属

普通球粒陨石中发现的最令人惊讶的矿物是铁镍（FeNi）金属，以下简称为金属。把普通球粒陨石切割并抛光，以显示其内部矿物组成和结构，金属在暗色基质的背景下呈现出明显的星点金属光泽。强磁铁可以揭示金属中含铁的事实，实际上金属不仅仅含铁，主要是铁和镍的合金。铁在陨石中大多与镍形成合金，镍含量可以低至不足 5% 或高达 70%。在野外“陆地”岩石中含有 FeNi 金属几乎是陨石的标志。石陨石中可有多达 70% 的总铁可以处于单质状态，剩余的铁以铁氧化物、硫化物、碳化物、磷化物的形式存在。

铁陨石主要由铁镍金属及少量副矿物组成，八面体铁陨石切面酸洗后有特征性的维斯台登纹，六面体铁陨石酸洗后会出现纽曼线，富镍铁陨石酸洗后一般会发现零星分布的陨硫铁。

图 3.9 为铁镍金属、球粒陨石中的银白色金属以及金属锈点。

图 3.9　铁镍金属、球粒陨石中的银白色金属以及金属锈点

a—铁镍金属（东乌珠穆沁旗，Mes）；b—球粒陨石中的银白色金属（鄄城，H5）；c—金属锈点（随州，L6）

（1）陨硫铁

常见的石陨石都含有不等量铁的硫化物。在陨石圈中，它通常被称为陨硫铁。它以 18 世纪意大利耶稣会牧师和陨石调查员 Domenico Troili 神父命名。陨硫铁通常很容易肉眼鉴定，因为它通常具有独特的暗古铜黄色，与银色铁镍合金形成鲜明对比，经常出现在一些铁陨石中。陨硫铁经常与铁镍合金共生。陨硫铁看起来与磁黄铁矿非常相似，磁黄铁矿常见于陆地岩石中。主要区别在于磁黄铁矿具有弱磁性，而陨硫铁则不具有磁性，或因为混入其他物质而含有弱磁性。许多铁陨石都有陨硫铁球团，这些球团通常被石墨包围（图 3.10）。

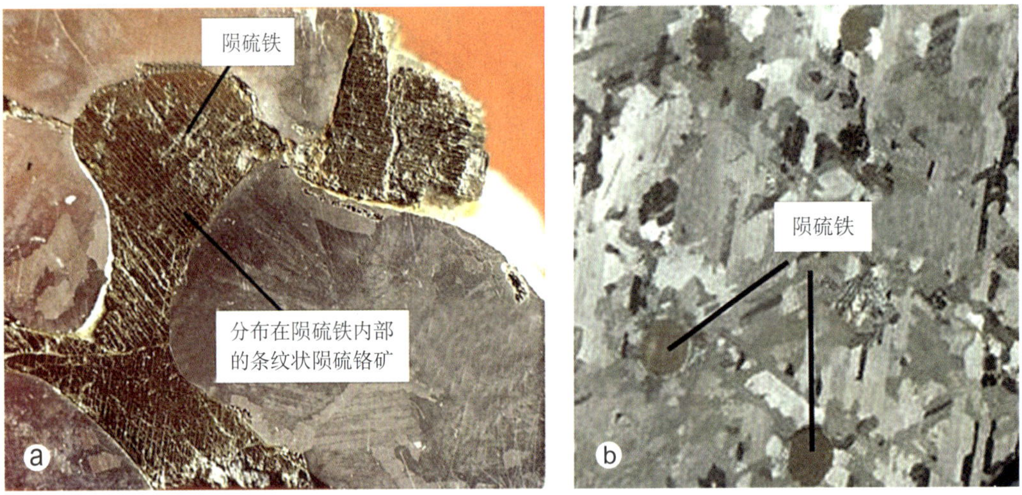

图 3.10　陨硫铁与陨硫铁球团特征

a—陨硫铁与陨硫铬矿共生；b—铁陨石中的陨硫铁球团（含石墨）

（2）氧化铁

陨石中最常见的铁氧化物是磁铁矿，它是陨石熔壳的主要致色矿物，当陨石进入地球大气层后受高温燃烧时，由于熔融作用导致矿物发生分解，磁铁矿便在陨石外壳开始形成。在碳质球粒陨石的基质中也发现了磁铁矿，磁铁矿具有较强的磁性。

上述 4 大类矿物是组成陨石的主要矿物。此外，陨石中还含有几百种副矿物，但这些副矿物一般肉眼难以观察，在此不必列举。另有几种矿物是地球岩石中较常见到的，对于准确区分陨石和地球岩石具有重要指导意义。

3.5　石英

如果岩石中出现大量肉眼可见的石英，基本可以排除是陨石的可能性。

石英族矿物包括一系列同质多象变体，如 α-石英，β-石英，α-鳞石英，β_1-鳞石英，β_2-鳞石英，α-方石英，β-方石英，柯石英，斯石英，凯石英（合成），

其中 β 表示低温变体，α 表示高温变体。其中柯石英、斯石英是冲击变质作用的标志性矿物。斯石英也可见于超高压变质作用的产物中。

物理性质：颜色多种多样，通常为无色、乳白色，灰色因含各种杂质，颜色各异，玻璃光泽，断口呈现油脂光泽，硬度为 7，贝壳状断口，相对密度 2.65。

显晶质石英按颜色分为紫水晶、黄水晶、茶晶、烟水晶等。粉红色的称蔷薇石英或芙蓉石，乳白色半透明的应称为乳石英，含有针状金红石、电气石、辉锑矿等包裹体的称为发晶。交代青石棉而具有丝绢光泽，并具有石棉假象称为木变石或虎睛石、鹰眼石。

隐晶质石英称为玉髓。具有不同颜色条带或花纹相间分布的玉髓，称为玛瑙，暗色质地坚硬称为燧石，具有红黄绿褐等颜色的块状集合体称为碧玉。

图 3.11 为多种多样的石英族矿物与岩石。

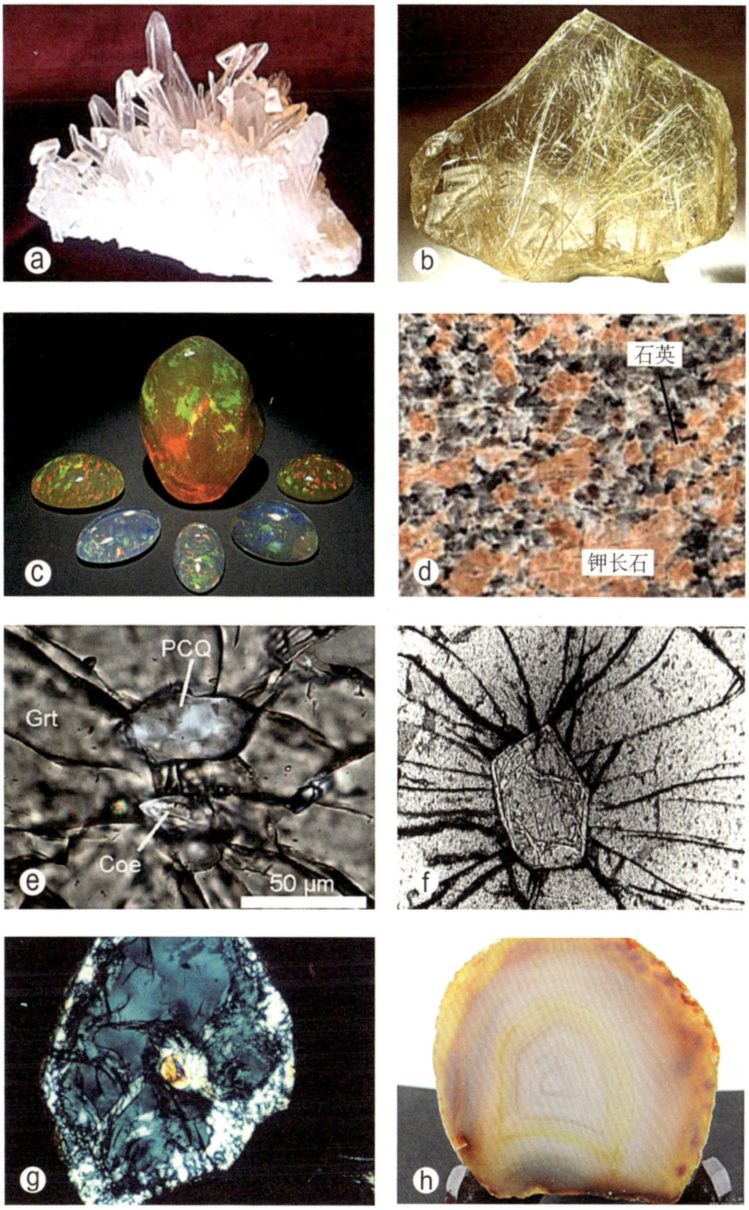

图 3.11 多种多样的石英族矿物与岩石

a—白色水晶晶体；b—发晶；c—欧泊；d—花岗岩中的烟灰色石英；e—榴辉岩中的柯石英（据吕增、张立飞，2012 修改）；f— 柯石英因体积膨胀致裂石榴子石；g— 柯石英单晶体；h—玛瑙（图片来源 http：//www.chinaneolithic.com）

3.6 角闪石

角闪石是含水矿物，如果岩石中出现大量肉眼可见的角闪石，基本可以排除是陨石的可能性。

角闪石为链状硅酸盐，可细分为斜方角闪石亚族和单斜角闪石亚族。

角闪石晶体呈柱状，横断面呈假六边形，集合体呈细柱状、纤维状。

物理性质：颜色为深绿色或黑绿色，玻璃光泽，解理 [110] 完全，两组解理夹角 124° 或 56° 。硬度 5~6，相对密度 3.1~3.3。

颜色：柱状晶体，两组完全柱状解理是其肉眼鉴定依据，与辉石的区别主要是角闪石解理夹角 124° 或 56°，断面为菱形或近菱形，而辉石解理夹角近 90° 。

图 3.12 为角闪石单晶体与闪长岩。

图 3.11 角闪石单晶体与闪长岩

闪长岩主要由绿黑色角闪石和灰白色斜长石组成

（图片来源：http：//baike.soso.com）

3.7 云母

云母是含水矿物，如果岩石中出现大量肉眼可见的云母，基本可以排除是陨石的可能性（图 3.13）。

云母可分为白云母、黑云母、金云母、锂云母等。在形态上都为假六方板状、片状，细者为鳞片状，大者面积可达几平方米，双晶常见。

物理性质：硬度 2~3，相对密度 2.7~3.1，{001} 极完全解理，珍珠光泽，解理片富有弹性。

图 3.12 色彩缤纷的云母矿物与岩石

a—六方板状黑云母；b—片状白云母；c—金云母；d—铜铀云母；e—锂云母；f—白云母伟晶岩

（图片来源：http：//blog.sina.com.cn；http：//www.chinaneolithic.com）

第 4 章

流星与陨石

- 火球
- 熔融作用
- 目击事件
- 冲击暗化与角砾岩化
- 陨石的外形
- 陨石熔壳
- 气印，熔流线，定向陨石
- 陨石的风化
- 陨石散落区

陨石是从行星际空间穿越地球大气层后到达地表的固体残留物，代表了太阳系不同时间和空间的演化产物。

我国拥有世界上公认最早、最可靠的陨石记录，早在 4100 年前的夏朝史书《竹书纪年》中就有“夏禹八年夏六月，雨金于夏邑”的记载。汉朝司马迁编写的《史记》中已经得出“星陨至地，则石也”的结论，表明 2100 年前中国人已经明确地认识到陨石是流星的残留体，而欧洲对陨石源于流星的问题达成共识已经是 19 世纪了，我国宋代科学家沈括已经将陨石划分为石陨石和铁陨石，可见我国古代对陨石的认识和研究远远领先于欧洲国家（图 4.1）。

石申（生卒年不详）

张衡（78—139）

祖冲之（429—500）

郭守敬（1232—1316）

图 4.1　中国古代几位著名天文学家

中国历史上收集并保存下来的陨石数量不多，类型不全，缺乏系统研究。除了从南极获得的大量陨石样品外，国内搜寻到的陨石样品较少。沙漠是除南极地区之外的另一陨石富集区域，我国拥有面积广阔的沙漠和戈壁，为发现陨石提供了有利条件。

陨石作为来自太空的物质，在抵达地球以前必须经历严酷的考验才能由流星化身为陨石，它们必须在穿越地球大气层后还能保留部分质量才行。地球大气层有效地阻挡了大部分流星体抵达地表，有了这层保护伞，流星体想要完整地抵达地表是不可能的。毫米级别的宇宙颗粒是难以抵达地表的，它们在没到达地表前就已经被大气层中摩擦产生的热量熔蚀殆尽了。大一点的个体虽然质量损失严重，但却得以存留下来。据估计，全球每年大约有 40000 吨太空物质抵达地表，其中仅有很少一部分被人们用以收藏和研究（图 4.2）。

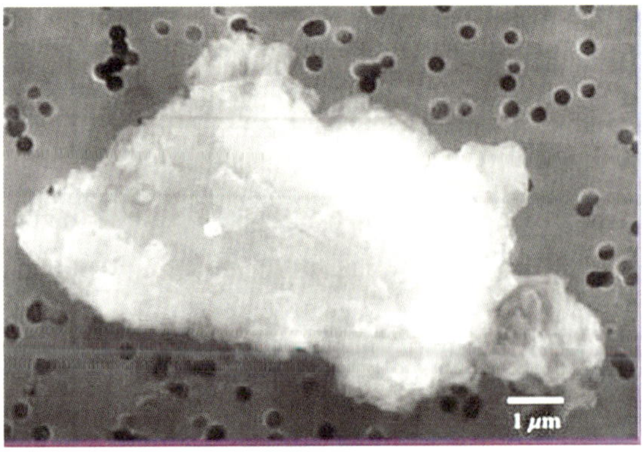

图 4.2 流星与回收的宇宙尘

（图片来源：https：//www.nasa.gov）

4.1 火球

穿越地球大气层产生明亮火光的流星通常称作火球，俗称火流星（图 4.3）。火球通常是由几厘米到几米大小的流星划过大气层产生的，通过长期观测表明，火球的亮度从 −5 等到没有真正的上限（太阳亮度为 −26.5）。通常比较亮的火球可以达到满月的亮度，即 −12.5 等。这样亮度的火球通常是个体大到足以穿过大气层还能有陨石残留下来。它们是小行星在太空中经历多次撞击产生的碎片。通常是能量较大的撞击事件导致了它们母体的结构变脆弱，此后这些小行星就变得极其易碎。

图 4.3 2019 年 10 月 11 日出现在吉林松原的火流星

这些火球通常被描述为明亮、炽热并伴有巨响的物体，通常这是能量转化的表现。当流星以平均 40.2km/s 的速度到达地球大气层顶部，稠密的地球大气层会给流星体一个反作用力来降低它的下降速度，一般认为较为稠密的地球大气层厚度为 100~120km，如此厚的大气截面在几秒钟内迅速压缩会产生强大的冲击波，此时大气的密度已经远远超过钢铁，其强度已经超过流星体的抗压能力，所以流星体爆炸分裂。速度的迅速降低，会引起物体动能的改变，释放的巨大能量会使流星体外表达到几千度的高温，导致流星体熔融，加之岩石是热的极不良导体，外部热量无法及时向内传递也会导致流星体炸裂。流星体最后残留的质量与进入大气层的原始质量和抗压强度有关，以同样速度和角度入射的流星体，个体较大的流星体残留质量的比例会有所增加。

动能可以转变为光和热等其他形式的能量，光和热共同作用产生的火球。流星体通常在距离地表100km 以上的高度时是不可见的，在这个高度上大气的托拽力变成持续阻止流星体前进的重要因素，流星体会将部分动能转化为热能并开始对其外部进行熔融。火球发出的光是两种不同的机制共同作用的结果，温度快速提升到熔点会使流星体燃烧，这时会产生一些在地表不易观测到的微弱光线，但随着持续加热，火球周围的气体会产生电离，几乎同时气体分子会重新夺取它们失去的电子并伴随着释放出热光，从而导致流星体周围的气体燃烧起来。这个过程会产生上百米的圆形气团，这就是我们在地表看到的火球（图 4.4）。

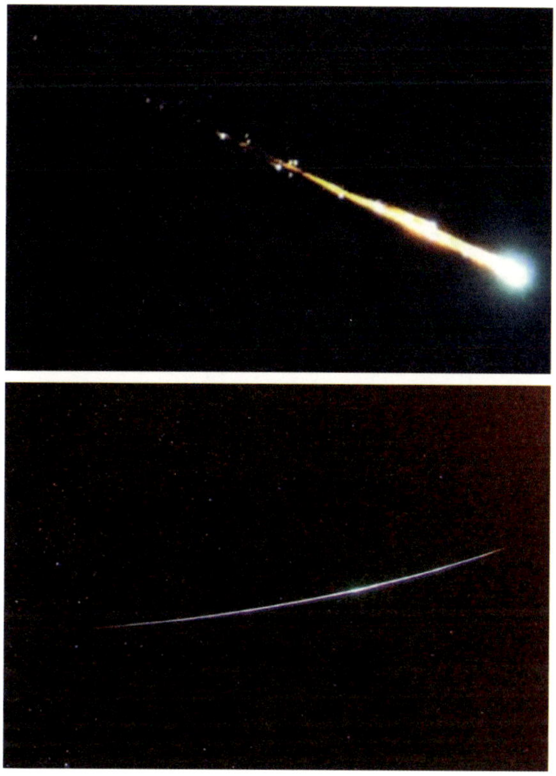

图 4.4 火流星照片

火球的声音是十分独特的，火球迅速从天空划过，几秒后仍然没有声音，突然，毫无征兆的爆炸伴随着无数碎片散落开来，然后会传来巨大的响声，这些声音是由流星飞行在大气中产生的超压汇聚形成的。火球发出的光和爆炸声是不会同时产生的，因为光的传播速度远大于声音的传播速度。具体情况依据观察者与火球的距离而定，距离近的甚至可以听到类似鞭炮声音的气爆，距离远的要几分钟后才听到爆炸声的。

几十年来，有大量的石陨石在砸破屋顶或降落在街道后随即被捡起来的记录，从来没有报道过石陨石热的烫手，难以拿起来，通常都是温暖或稍热的，没有很热的。原因很简单，在平均 15km 的高度上流星体的宇宙速度就已经降到零了，而后是重力在维持着流星以几百米每秒的速度继续飞行，这样慢的速度不会继续产生很多热量，也就没有热量继续向流星体内部传送了。15km 的高空气温为 −60℃，如此低的气温会迅速冷却正在降落的流星，在流星还没有抵达地表前就已经冷却到了常温，有的陨石甚至外表覆盖一层冰。事实上，有的陨石降落在雪上迅速被捡起，发现陨石并没有把雪融化。

铁陨石就有所不同，铁的导热性较好，我们经常在铁陨石的切面上看到重结晶皮壳，这就是剧烈加热的证据，而且在短暂的重力飞行阶段产热还可以影响到重结晶皮壳的深度，当铁陨石刚降落在地表时摸起来很热，甚至是烫手的。

4.2 熔融作用

熔融作用是一把双刃剑，熔融和冷却是流星体到达地表十分必要的机制。随着大气对流星体的拖拽作用增强，流行体前方被加热熔化，开始迅速损失质量，丢失的质量伴有热蒸汽。冷却是带走被加热的部分并阻止热量向内传输。熔蚀掉的物质散落到大气中，尾随着火球构成一道烟迹，这些烟迹是极小的快速冷却的液滴（图 4.5）。

图 4.5 KoŠice 陨石降落 7 小时后仍然存在的烟迹

（图片来源：Michael Kročil）

4.3 目击事件

4.3.1 中国曼桂

2018 年 6 月 1 日 21 时 40 分，我国云南省西双版纳傣族自治州勐海县发生一起目击陨石降落事件，一颗火流星划过夜空，照亮了整个西双版纳的夜空，第二天清晨在曼伦村的一位农户家中发现第一块标本，该样品砸穿了农户家的屋顶，而后国内收藏家和爱好者纷纷赶到陨石降落地，在当地开展了万人空巷的猎陨活动。后续在曼垒、曼庄和曼桂村均发现陨石，大致分布在东南 - 西北方向长约 10km、宽约 1~2km 的狭长地带，面积约有 20km^2，收集到的样品累计已超过 50kg，是继西宁陨石雨后的又一次较大规模的陨落事件。

曼桂陨石样品具有新鲜的熔壳，内部呈浅灰色，可见黑色冲击熔融细脉。该陨石主要由橄榄石、辉石、长石以及较少的铁镍金属、陨硫铁、磷灰石等组成．手标本虽可见球粒特征，但背散射电子图像显示球粒界线模糊，残余球粒为斑状橄榄石球粒，基质呈现强烈重结晶特征，次生长石粒度较大，橄榄石和辉石的化学成分均一，可判定其岩石类型为 6 型（图 4.6）。橄榄石的平均 Fa 值为 25.1 ± 0.3（n=71），辉石的平均 Fs 值为 21.1 ± 0.3（n=58），金属含量低，属于 L 化学群。因此，曼桂陨石是 L6 型普通球粒陨石。曼桂陨石遭受过强烈的冲击，冲击熔脉和熔融囊广泛发育，熔脉宽度可达 600 μm. 熔脉内及边部的长石已经转变成熔长石，且部分长石转变成硬玉；发现辉石的镁铁榴石高压相，与硬玉伴生。根据这些强烈冲击变质特征，将曼桂陨石的冲击变质强度划分为 S5 级。尚未在熔脉及边部发现橄榄石、磷酸盐的高压相矿物，这些高压矿物相的缺失，可能是由于该陨石在冲击熔融后的冷却速率较慢，形成的高压相矿物发生了退变质。这些特征表明，曼桂陨石经历过强烈的冲击熔融事件（图 4.7）。

图 4.6 回收的曼桂 L6 普通球粒陨石

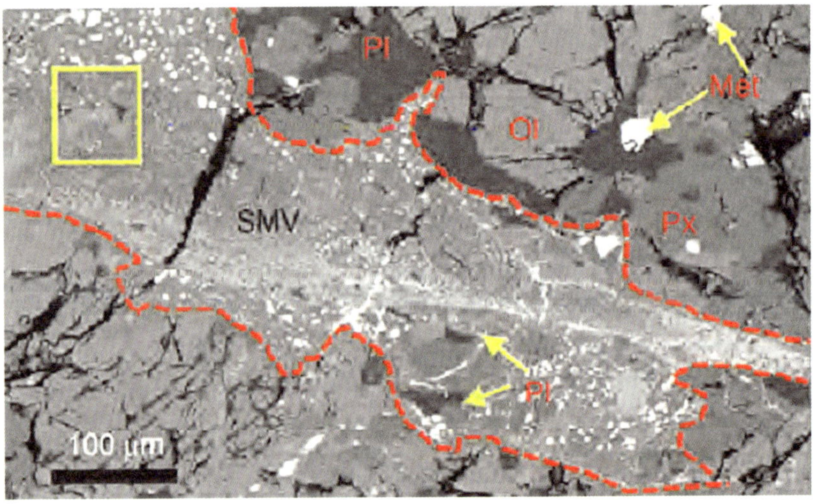

图 4.7 曼桂陨石冲击熔脉 SMV 背散射电子图

Pl—斜长石；Ol—橄榄石；Px—辉石；Met—铁镍金属
（图片来源：计江龙等）

4.3.2 俄罗斯车里雅宾斯克

2013 年 2 月 15 日，当地时间 9 点 22 分，俄罗斯车里雅宾斯克地区上空一道白光闪过，并伴随着巨大的爆炸声，一场后来被命名为“车里雅宾斯克陨石”的陨石雨随之而降。此次陨石雨被认为是自 1908 年俄罗斯西伯利亚的通古斯大爆炸以来能量最大的一次空中爆炸事件。美国国家航空航天局（NASA）近地天体研究办公室在消息中提到：该巨大火球是由一个直径大约是 17~20m 之间的小星体高速（18.6km/s）、低角度进入地球大气层的时候发生的，辐射能高达 3.75×10^{11}J（焦耳），相当于 9 万吨 TNT 爆炸所释放的能量，虽然车里雅宾斯克陨石为普通球粒陨石，但却是少见的“目击降落陨石”，在天空中产生强烈的爆炸，不仅对建筑物造成巨大损失，并伤及 1500 多人。球粒陨石很常见，一些石陨石雨的规模也很大，如著名的吉林陨石雨、Allende 陨石雨等，但均未产生如此强烈的爆炸。因此，车里雅宾斯克陨石强烈爆炸的原因，包括该陨石的化学和矿物组成、岩石结构等性质，成为研究的焦点之一。

图 4.8 2013 年俄罗斯车里雅宾斯克打捞出的 570kg 陨石

图 4.9 车里雅宾斯克陨石

a—车里雅宾斯克流星爆炸烟迹； b、c、d—车里雅宾斯克 LL5 陨石

4.4 冲击暗化与角砾岩化

几乎所有陨石都显示有不同程度的冲击暗化和角砾岩化（图 4.10），石陨石母体在太阳系形成早期经常与其他小行星发生碰撞，这就导致石陨石母体经常在太空中就已经破碎。当冲击压力达到 90GPa 时就会使岩石发生熔融或部分熔融，从而形成冲击熔融角砾岩。这样的压力足以在撞击坑的表面形成大面积的岩石熔融。这样的冲击作用可以影响到距撞击面上千米的深度，部分熔融导致岩石的原始结构丧失，导致岩石中混杂有熔化的岩石和未熔化的碎屑，冲击熔融角砾岩在球粒陨石中十分常见。冲击熔融角砾岩通常是球粒陨石的角砾和隐晶质的基质构成的角砾结构。

图 4.10 冲击暗化与角砾岩化

a—NWA 12311，L6，熔融角砾岩；b—Chelyabinsk，LL5，冲击熔融角砾岩；c—NWA 12312，L6，黑色冲击熔脉；d—NWA 12786，L4，熔融角砾岩

表 4.1　冲击变质等级划分

冲击变质等级	平均峰值冲击压力作用下产生的影响		冲击熔脉熔囊发育程度	冲击压力 GPa	增温幅度 ℃	估算最小增温幅度 ℃
	橄榄石	斜长石				
未受冲击 S1	消光清晰	不规则状裂隙	无	<4~5	10~20	10
较轻微冲击 S2	波状消光	不规则状裂隙	无	5~10	20~50	20
轻微冲击 S3	面状裂隙 波状消光 不规则状裂隙	波状消光	不透明冲击熔脉 冲击熔囊开始发育 有时熔囊互相连通	15~20	100~150	100
受冲击 S4	面状破裂 轻微马赛克消光	波状消光 部分均质化 面状变形裂隙	冲击熔囊 互相连通的冲击熔脉 不透明的冲击熔脉	30~35	250~350	250
强烈冲击 S5	面状变形裂隙 强烈马赛克消光	熔长石	广泛发育冲击熔脉，熔囊 不透明的冲击熔脉	45~55	600~850	600
十分强烈冲击 S6	限定在冲击熔脉的中央或边缘		广泛发育冲击熔脉，熔囊 不透明的冲击熔脉	75~90	1500~1750	1500
	固态重结晶 出现林伍德石	冲击熔融 （普通玻璃）				
冲击熔融	岩石全部熔融（冲击熔融岩石或角砾岩）					

（据 Dieter Stöffler，1991）

有些时候小行星虽然经历了剧烈撞击，但并没有破碎。相反，它们的碎块在太空时仍然在一起。当进入地球大气层时，这种脆弱的结构无法维持，小行星会炸裂散落，形成的陨石是暗色玻璃和重结晶的矿物胶结的岩石碎片，这种结构叫作单矿角砾岩。

有些陨石的角砾结构是由两种或两种以上不同的岩屑组成的，这种叫作复矿角砾岩。

还有一种表土角砾岩，这种角砾由地表岩层被撞击形成的碎片组成，月球的表面由一层松散的土壤覆盖，研究表明，月球的表面长期经受小行星的撞击，撞击形成的角砾固化成岩就是月球表土角砾岩。

表土角砾岩通常是由淡色岩屑和暗色基质组成，这种亮暗结构使得它们很容易和其他球粒陨石区分开来，基质颜色发暗可能是因为在行星表面一直接受最大值的太阳辐射。大约有 10% 的普通球粒陨石被划分为表土角砾岩。但有一些表土角砾岩并不遵从亮暗法则，这是因为冲击暗化导致淡色岩屑发生暗化，暗化的岩屑被暗色玻璃胶结在一起（图 4.11）。

Peekskill H6

Cumberland, Aub

Kunashak L6

Dimmit H3.7

NWA 6903 Euc

NWA 6265 Euc

图 4.11 单矿角砾岩、表土角砾岩与复矿角砾岩特征

a、b—单矿角砾岩，由单一岩石碎屑组成，Peekskill 和 Cumberland 为陨石名称，H6 为普通球粒陨石、岩石类型为 6；Aub 为钛辉无球粒陨石英文缩写；c、d—表土角砾岩，L6 为普通球粒陨石；岩石类型为 6；e、f—复矿角砾岩，由多种岩屑组成，Euc 为钙长辉长无球粒陨石英文缩写

表 4.2 球粒质角砾分类

角砾类型	描 述
石质碎屑	捕虏体-同源的不同化学组成的冲击熔融碎屑
表土角砾	母体表面的碎屑（包含太阳风气体、太阳耀斑轨迹、凝集物等），通常具有明/暗结构。
碎屑角砾	残留碎屑-无分化层物质组成
冲击熔融角砾	火成岩基质中未熔融残留体
粒状角砾	变质的碎屑角砾
原始角砾	岩石类型为3的球粒陨石角砾

（据 Keil，1982）

4.5 陨石的外形

陨石没有特定的形态，这些形态是因为熔蚀过程和破碎形成的。可以预测的是，在高空中的爆炸向四周散落导致陨石的最终形态不规则。原始的形态已经无从得知。但有一些陨石棱角分明，甚至可以达到长方体的形态。如果陨石在空中已经确定形态，那最终的外形应该是浑圆状而不是棱角分明的。

4.6 陨石熔壳

陨石经历过 1800℃以上的高温炙烤，外表会发生巨大的变化。对于野外工作者来说，最有效的区分陨石和地球岩石的方法是观察陨石的熔壳在不同方面的体现。一个新降落并且没有碎裂的陨石，通常是被一层完整的熔壳所包围。熔壳通常厚度为 0.5~1mm，个别能达到 2mm 以上。由于强大的压力，流星体在经过大气层时，通常会碎裂成很多碎片。在温度最高的火球阶段，流星体的外表开始熔化，流星体的外表逐渐被熔化的岩石层所覆盖，大气摩擦力和气流冲击作用导致熔融产生的熔浆难以全部保留下来。得以保留下来的熔壳只是在火流星阶段的最后几秒，当熔化作用减少、温度降低才得以保留。

普通球粒陨石主要是由橄榄石、斜方辉石及铁镍金属组成。高温导致矿物重结晶，能在陨石的表面形成一层亮棕色玻璃质的隐晶质薄层；单质铁转变为磁铁矿，当磁铁矿混合了矿物玻璃后通常呈亮棕色或黑色，这是大多数普通球粒陨石熔壳的颜色。而顽火辉石球粒陨石或者顽火辉石无球粒陨石是由单一的矿物组成的，不含有铁和氧化铁，它们的熔壳是淡黄色或米黄色。顽火辉石无球粒陨石是在野外最难鉴别的陨石之一。

另外一个熔壳有所不同的无球粒陨石叫作钙长辉长无球粒陨石，这种陨石的化学组成，与地球上的玄武岩组成十分相似。钙长辉长无球粒陨石是富钙的，它们的钙质来源于钙长石，当富含钙质的矿物混合磁铁矿后产生的熔壳，就是钙长辉长无球粒陨石闪亮的黑色玻璃质熔壳。

铁陨石通常也有熔壳，但它们的熔壳通常比石陨石要薄。铁陨石的新鲜熔壳是像刚焊接的钢铁一样的蓝黑色，就是铁在氧气里充分燃烧后的颜色。铁陨石的熔壳基本上是由 Fe_3O_4 组成，在所有的熔壳里是最脆弱的，很快就会被风化殆尽。铁陨石的另一个特征是热变质重结晶层，铁陨石经过剧烈的高温以后，靠近外侧的部位会因为高温作用失去原来的结构；快速冷却后形成一层细粒的重结晶层。这些特征在经过抛光、溶蚀的铁陨石切片中可以见到（图 4.13）。

图 4.12 风化等级不同的陨石呈现出不同颜色的熔壳

a、b、c、d、e、f— 同种陨石因风化等级不同呈现出不同颜色的熔壳（鄄城，H5）；d—随州 L6 熔壳

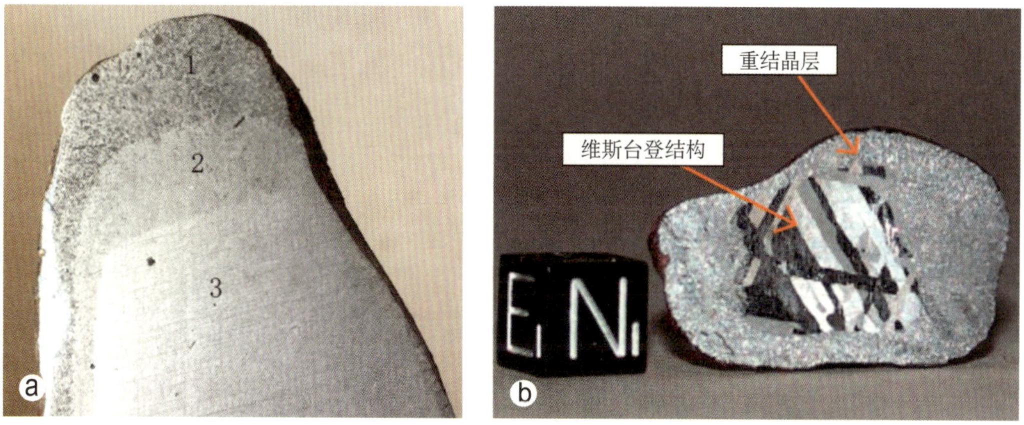

图 4.13 铁陨石重结晶分层现象

a—六面体铁陨石重结晶分层现象，1 层为重结晶层；2 层为热变质层；3 层为原始层；
b—Henbury 铁陨石重结晶层
（图片来源：Mirko Graul）

二次熔壳

在陨石中见到二次熔壳是很不寻常的，通常是在熔融的阶段，在流星体表面形成一层光滑的完整覆盖层，在大气层飞行阶段被多次替换。二次熔壳的出现，表明流星体在飞行的过程已经碎裂，这个过程中会失去部分原始熔壳。新的破碎面会很快重建一层，这就是二次熔壳，通常会比原始熔壳要薄，因为它是在飞行的晚期形成的。二次熔壳因为熔化更少，所以也不像原始熔壳那么光滑（图 4.14）。

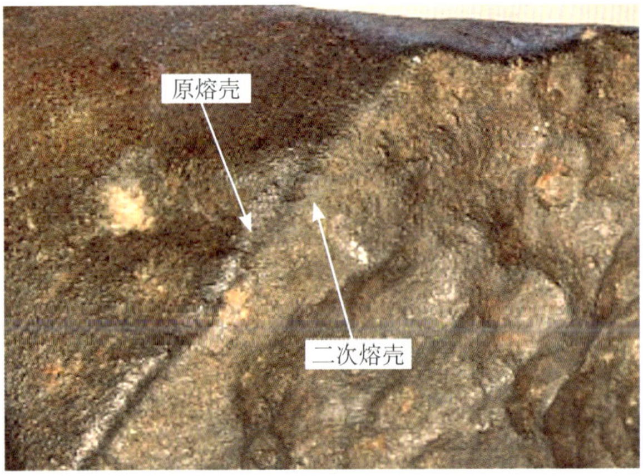

图 4.14 Campos Sales L6 的二次熔壳，相比于原熔壳厚度要薄，颜色浅

4.7 气印、熔流线、定向陨石

在流星经过大气层时由于熔融作用形成的坑穴或气印，统称为拇指纹，因为它们的尺寸与人类的手指相当。石陨石的气印要比铁陨石的浅一些，因此没有那么明显（图 4.15）。通过一些图片的对比可以发现，铁陨石的气印更深更明显。如果一个铁质火流星因为爆炸而碎裂，会形成很多形状相似的碎片。这些碎片很像弹片，当炽热的火流星经过大气层时，迅速熔化损失质量，某些时候会在石陨石和铁陨石的表面形成熔流线。这些熔流线，通常呈由头部指向尾部的放射状，指示了火流星的飞行方向。一些时候，会在陨石的尾部形成突起的唇边，构成一个漂亮的定向陨石。这些唇边是熔融阶段的产物，是在一个时间点上快速冷却的结果。

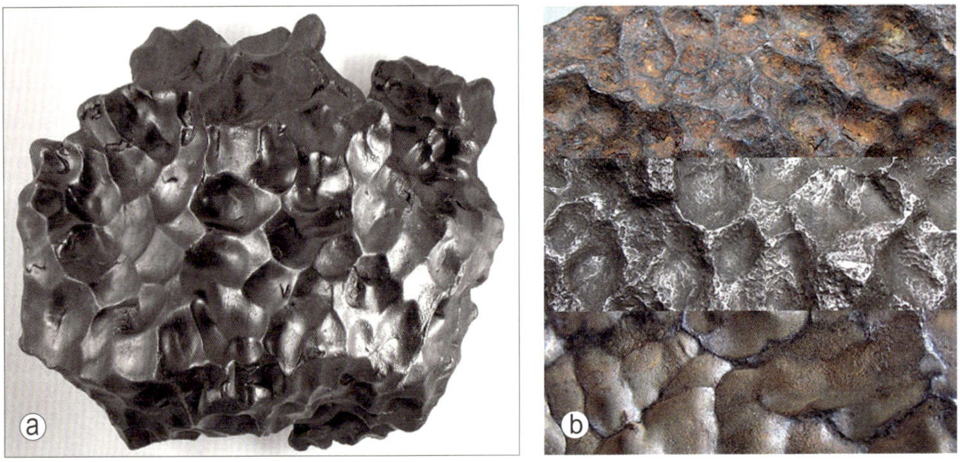

图 4.15 铁陨石的气印

a—Sikhote Alin 铁陨石气印；b—铁陨石气印细节特征

（图片来源：Jim Strope；Jeoffrey Notkin）

为了保留这种精美的外形，陨石必须小心地清洁，并避免化学风化。铁陨石和石陨石都可以产生十分漂亮的熔流线。

定向陨石形成于大气飞行阶段。多数情况下由于不可控的翻滚会使陨石呈浑圆状，但如果流星体获得了最大而且稳定的拖拽力，会阻止它产生翻滚，这就形成了水滴状或盾型标本（图 4.16）。

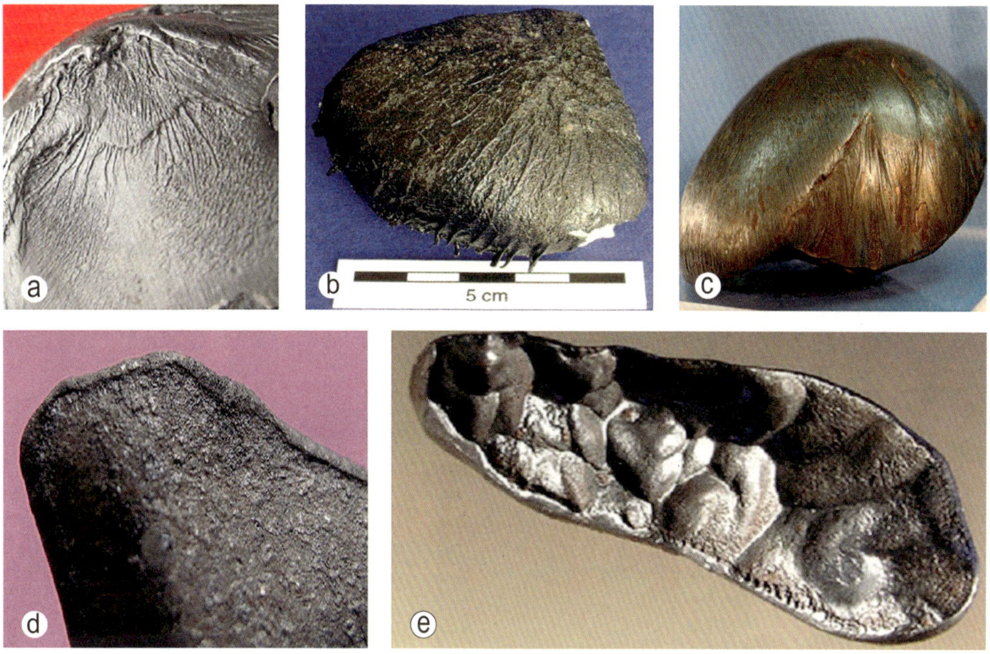

图 4.16 漂亮的熔流线与定向陨石

a—熔流线 ；b—熔流线 + 定向；c—定向铁陨石；d—卷边；
e—全卷边铁陨石（该铁陨石重 27g，为 Sikhote–Alin 陨石，2014 年 12 月曾被《矿物爱好者》杂志当作假陨石）
（图片来源：Jeoffrey Notkin）

4.8 陨石的风化

4.8.1 物理风化

陨石在太空中的几十亿年避免了各种风化，因为它们远离空气和水。但地球的环境不同于太空。正常的地球环境，无法阻止风化作用的进行。风化主要有两种：物理风化和化学风化。物理风化在太空和地表都会进行，在太空中主要是与其他小天体的碰撞碎裂，在到达地球的过程中，冲击作用致使它们碎裂。随后在地表，由于风蚀作用、水的流动和温度的变化、动植物的活动都会加剧物理风化的进行。玻璃质的熔壳，在没有破碎的陨石上会起一定的保护作用，但是收缩裂隙会成为化学风化的通道。如果陨石降落在冰冻地区，因为冰劈作用，会导致收缩裂隙的进一步扩大，从而加剧化学风化。

4.8.2 化学风化

大部分陨石是发现型的，通常降落地表已有几千年。化学风化的主要三种途径是氧化、溶解形成水合物、形成新的矿物，铁陨石风化后形成针铁矿，橄榄石和长石变成黏土类矿物，铁陨石经常会沿着铁纹石的边缘生锈。

风化严重的石陨石经常被很厚的外皮取代了原始熔壳。化学风化通常会在几百年就剥掉原始熔壳，普通球粒陨石通常内部含有一定的金属颗粒，这些金属迅速氧化为褐铁矿，褐铁矿迅速变成斑块，橄榄石和辉石矿也被褐铁矿染色（图 4.17，表 4.3）。

图 4.17 强烈风化的陨石及切片

表 4.3 陨石的风化程度与风化特征

风化程度	风化特征
W0	一般为新降落的陨石，金属和硫化物几乎没有发生氧化
W1	在金属和硫化物颗粒边缘有少量的褐铁矿出现
W2	金属有中等程度的风化，金属和硫化物的颗粒约有20%~60%的部分发生氧化
W3	金属和硫化物颗粒发生强烈风化，65%~95%发生氧化
W4	金属和硫化物的颗粒几乎全部被取代，约占体积比95%以上，但硅酸盐仍未受到影响
W5	镁铁质硅酸盐开始发生变化，但变化区域主要是沿着陨石内部的裂缝
W6	大范围的硅酸盐类物质被黏土取代，金属和金属硫化物的氧化物形成大范围的粗大脉络

有一些办法可以用于防止陨石的化学风化。铁陨石在酸洗过后，标本变成中性，水洗烘干，用 99% 的酒精去脱水，然后为了防止与空气接触，在外面涂一层丙烯酸涂层。条件允许，可以购买干燥柜或真空样品箱。

4.9 陨石散落区

当个体较大的流星进入大气层，会因为气压迅速升高而快速破碎，尤其在过去已经产生裂隙的小行星会更快碎裂。当流星集体降落时称为多重降落，多数石陨石降落都不是单独的，一旦主体破碎，碎片会因为故有的内能维持它们继续飞行而非随机降落，质量越大的个体会飞行更远的距离，平均大个体会与地表呈 60° ，最小的个体会与地表呈 70° 降落。流星降落在地表后，散落的陨石所形成的区域称为散落区，散落区大多呈椭圆状，也被称为散落椭圆。散落椭圆的长轴线代表陨石散落密集方向。

图 4.18 陨石散落区

第 5 章

陨石鉴定与分类基础

- 陨石的肉眼鉴定
- 陨石实验室鉴定
- 陨石的分类基础

对于普通爱好者来说，陨石的鉴定主要依据是陨石的外观特征，由外而内的仔细观察研究，以确定岩石是否为陨石。外观特征主要是熔壳、气印等表面特征；另外还要观察岩石内部的矿物组成、结构和构造等。通过对岩石的肉眼观察和密度（比重）和磁性的测试，经验丰富的人士，可以鉴定岩石的大概种类。但若想准确鉴定岩石的种类，必须依靠有资质的实验室进行分析测试。大体来说，陨石的鉴定主要分两个阶段：第一阶段是通过对陨石的外观特征进行观察，第二阶段是将样品送交专业机构进行分析测试。

5.1 陨石的肉眼鉴定

5.1.1 外形

陨石没有特定的外形。陨石的外形是原始形态、熔蚀和破碎共同作用形成的。陨石原始的形态已无从得知，已发现的陨石外形千姿百态。铁陨石有浑圆状、弹片状、水滴状、盾牌状等；有些铁陨石会形成较大的熔蚀孔洞。石陨石外形缺乏塑型变形特征，大多呈不规则状，以不规则状和浑圆状居多（图 5.1）。

图 5.1 陨石的外形特征

a—弹片状铁陨石；b—不规则形状陨石；c—立方体形状的陨石

5.1.2 熔壳

陨石熔壳记录了陨石降落过程中经历的熔融、气化、烧蚀、熔浆流动、熔浆冷却过程及分异重结晶等物理化学过程（图 5.2）。已发现的陨石大多仅有残留熔壳或熔壳完全脱落。熔壳脱落后就需要用其他特征鉴定陨石。新鲜的石陨石熔壳，剖面分层清楚，完整的石陨石熔壳可以分为 4 层，由外到内分别为：

1）玻璃质层；

2）熔融层（骸晶 - 暗色玻璃）；

3）部分熔融层（残留矿物－未结晶玻璃混合）；

4）铁质渗透胶结层（陨硫铁渗透暗化）。

这种分层是因为流星体在降落过程中表面温度最高，而在冷却过程中表面最先冷却，内层相对有充足的时间晶出粗粒矿物。同一块陨石不同部位熔壳发育程度和分层不同。发育不完全的二次熔壳，一般均产生在流星体降落过程中发生爆炸以后，这一类熔壳，颜色多为褐色或烟灰色，表面特征不明显，剖面分层不清晰，厚度一般小于0.2mm，有一些陨石仅表面被熏成烟灰色，而矿物没有发生任何变化。铁陨石熔壳较少见，完整的铁陨石熔壳可以分3层（图5.2），由外到内分别为：

1）新鲜（风化）熔壳层（磁铁矿）；

2）细粒金属层；

3）热变质层。

图5.3为不同类型陨石熔壳的表面特征。

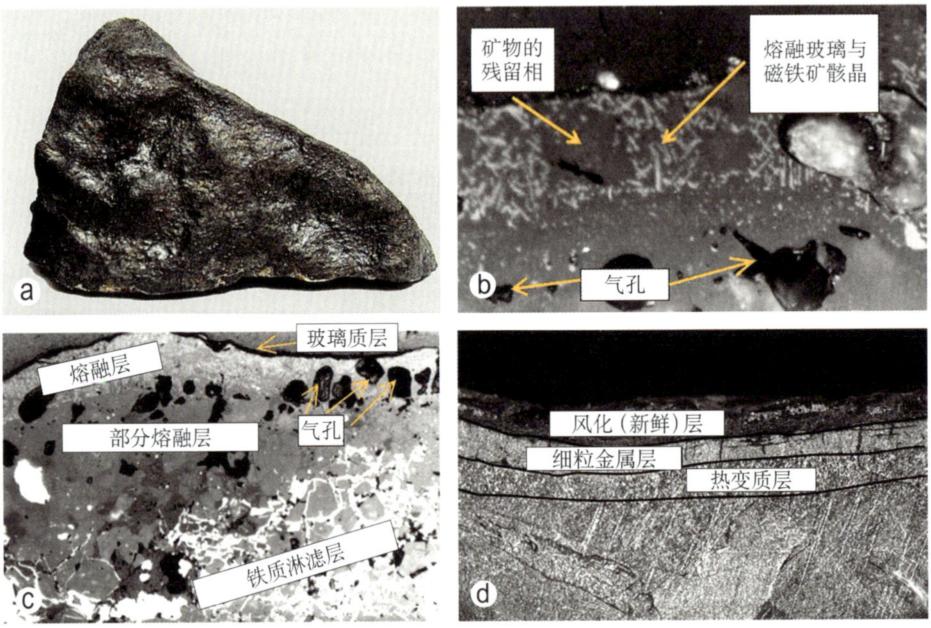

图5.2 陨石熔壳的宏观与显微照片特征

a—新鲜陨石熔壳宏观特征；b—石陨石熔壳显微照片；c—石陨石熔壳显微照片；d—铁陨石熔壳显微照片

陨石熔壳的微气孔记录了熔浆沸腾排气的过程。气孔外观形态各异，有的气孔与气孔之间的隔壁被熔融，气孔开始连通；有的气孔表面被微粒矿物堆积，不同程度受到阻塞。一般流星体在降落时，前后部位气孔发育较差，侧面气孔发育较好，有时会见到气孔十分发育的泡沫状熔壳。陨石微气孔发育程度的差异，反映了陨石内部成分的不均一性，以及不同部位在流星体降落过程中所处的物化环境的差异。微气孔的形态和大小在一定程度上反映了微气孔的演化过程。

图 5.3 不同类型陨石熔壳的表面特征

a—2018 年 6 月 21 日俄罗斯目击陨石 Ozerki，L6，新鲜完整的熔壳；b—NWA 12594 火星陨石，新鲜的亮黑色玻璃质熔壳；c—碳质球粒陨石 CO3 残留熔壳；d—NWA 12722（非官方命名），CR4，熔壳完全脱落

熔流线是黏稠的熔浆在流星体表面流动时所留下的痕迹，这种现象主要发育在流星体降落时的侧面，靠近流星体前部，呈蠕虫状，流纹常与冲击气流方向平行，靠近流星体中部和尾部，常呈现波浪形或其他形状，波浪形的熔流线在迎气流方向形成缓坡，背气流方向形成陡坡。

熔壳表面可以见到扁平状、微粒矿物的堆积现象，这种现象在微熔流发育的部位比较明显，这些部位的凹陷处和气孔旁边，均有较厚的微粒堆积，由于流星体在降落过程中不同部位的剥蚀和堆积的差异性，在陨石的另一些部位却几乎见不到这种现象。

熔壳表面的矿物残留现象不普遍发育，但有时会见到辉石、球粒或形成平台状，凹坑状的金属矿物，金属矿物的这种凹坑是由于金属矿物与周围的硅酸盐矿物相比，易挥发的原因（图 5.4）。

图 5.4　风化程度较低的普通球粒陨石表面可能见到的特征

陨石熔壳 $\delta^{56}Fe$ 和 $\delta^{18}O$ 同位素，因为降落过程中的蒸发、大气交换和风化作用会有较高的值。

普通球粒陨石是由橄榄石和斜方辉石和铁镍金属组成。在火流星高温阶段，单质铁转变成为磁铁矿，磁铁矿混合了矿物玻璃组成的外壳通常呈现亮棕色或黑色，多数陨石的熔壳都是这种颜色。顽火辉石球粒陨石或者是顽火辉石无球粒陨石，由单一的矿物组成的，不含有铁和氧化铁，它们的熔壳是淡黄色或米黄色，是野外较难识别的陨石，例如，Norton County 灰白色熔壳。还有一些极其罕见的陨石熔壳，呈现绿色，例如，NWA 7325 为绿色熔壳；新鲜的铁陨石的熔壳为蓝黑色，即铁在氧气中燃烧的颜色（图 5.5）。

地球岩石经历长期风化作用后，形成的沙漠漆与陨石熔壳十分相似。所谓的沙漠漆，是岩石在干旱或半干旱地区，经历长期的物理风化和化学风化作用所形成的一层褐色或亮黑色的表皮，质地细腻，抚摸有滑感。与陨石熔壳的区别是：沙漠漆大多质地比较细腻，残留较多的陨石熔壳比较粗糙，在放大镜下可以看到微小的气孔，居地时间较长的陨石，残留有薄层熔壳，多呈星点状分布（图 5.6）。

图 5.5 不同颜色的陨石熔壳

a—Camel Donga 黑色玻璃质熔壳； b—Norton County 米黄色熔壳；
c—Palo Verde mine 黑色片状残留熔壳； d—NWA 7325 黄绿色熔壳
（图片来源：Jim Strope；Sonny Clary）

图 5.6 陨石熔壳与地球岩石风化外壳对比

熔壳是新鲜或降落不久的陨石才具有的外观特征，多数陨石的熔壳已经风化殆尽，而且有的陨石熔壳脱落以后又形成一层风化皮（图 5.7），所以，单依靠熔壳来鉴定陨石是十分局限的。

图 5.7 熔壳完整、风化残留、脱落的沙漠陨石

a、e—熔壳及收缩裂隙保留较完整的沙漠陨石；b、c、d—熔壳残留较少（黑色）的沙漠陨石；f、g—熔壳基本完全脱落，部分已经形成沙漠漆外壳的沙漠陨石

（图片来源：Aurore hutzler）

5.1.3 气印

流星体经过大气层时由于熔融和冲击作用形成的坑穴称为气印。同种陨石气印发育程度有很大差异；有些陨石个体气印十分发育；有的陨石个体甚至没有气印。小个体陨石的气印尺寸与人类的手指相当，亦称为拇指纹，大个体的陨石，可以形成很大的气印，例如，新疆 28 吨的银骆驼铁陨石气印可以达到 60cm。石陨石的气印要比铁陨石的浅一些，因此没有那么明显。通过一些图片的对比可以发现，铁陨石的气印更深更明显，原因是铁镍合金的熔点较硅酸盐矿物低且易挥发。

气印是熔融和气流综合作用形成的坑穴，易与地球岩石各种成因形成的凹坑混淆。气印一般具有完整的弧度，定向陨石的气印有时会形成深端指向浅端的水滴状气印，多数气印的边缘圆润，有些相邻的气印有一定的连通性。地球岩石的凹坑一般没有圆滑的弧度，玄武岩的气孔呈椭圆形或圆形，相比于陨石的气印，弧度更大，凹入深度大（图 5.8，图 5.9）。

图 5.8 陨石的气印易与地球岩石的相似凹坑混淆

a—Sikhote Alin 铁陨石气印；b—NWA 石陨石气印；c—气印不发育的石陨石；d—Campo del Cielo 罕见的完美气印；e—气印不发育的铁陨石；f—赤铁矿石，含有与气印相似的凹坑，但凹坑边缘棱线突起，连通性差，是由于结晶过程中气体溢出，体积收缩产生的

（图片来源：Sevend Buhl）

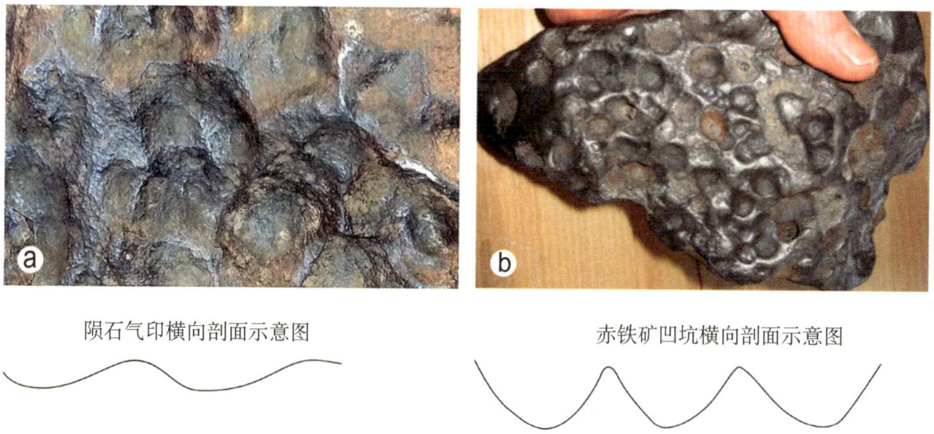

图 5.9 陨石气印与赤铁矿凹坑横向剖面示意图

a—铁陨石气印；b—赤铁矿的凹坑

5.1.4 球粒

球粒是球粒陨石特有的结构，90.8% 的陨石都含有球粒，球粒是橄榄石或辉石由吸积作用形成的圆球状矿物集合体，球粒是判定岩石为陨石的强有力证据，具有熔壳或熔壳缺失的陨石都可以看到球粒不同的表现形式，具有熔壳的陨石球粒表现为在熔壳表面为圆形且颜色有别于周围；熔壳缺失的陨石球粒表现为凹凸不平的凸起或凹陷圆球（图 5.10）。地球岩石也有具有球状结构或构造的岩石，地球岩石的“球粒”大多具有同心圆状结构，揭示其为滚动沉积或脉动式结晶的成因。

图 5.10 球粒陨石的球粒、熔壳及其在熔壳完全脱落的陨石表面的特征

a—CK 碳质球粒陨石的球粒及熔壳；b—球粒在熔壳完全脱落的陨石表现为球状凹凸面

5.1.5 金属颗粒

大多数普通球粒陨石会含有不定量的铁镍合金，在经历风化之后，呈现为铁锈色锈点，新鲜的陨石可以看到明亮的金属点（图 5.17）。含有金属的地球岩石，也可以呈现明亮的金属点或锈点，有效的区分方法是用白色的无釉瓷板进行刻划，铁镍合金为亮白色条痕，而地球岩石含有的金属，多数条痕为黑色、绿黑色。

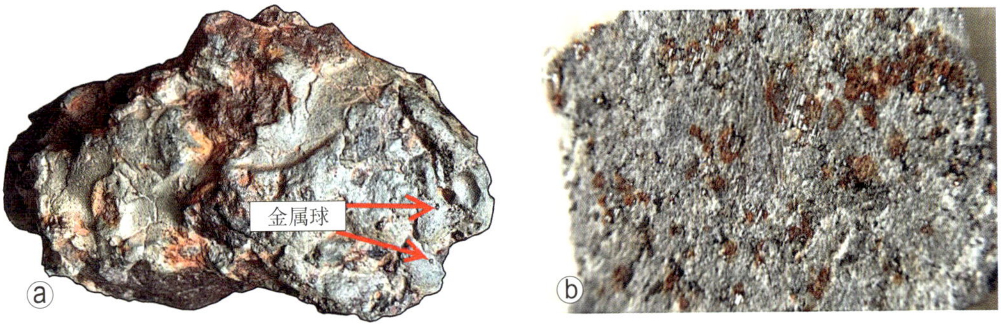

图 5.11 熔融角砾岩与南极陨石可见亮白色金属球及氧化锈点

a—Tassedet 004，H5，熔融角砾岩可见完整亮白色金属球；
b—南极陨石 ALH 76009，L6，亮白色铁镍金属及氧化锈点

5.1.6 磁性

多数陨石具有一定磁性，但具有磁性的地球岩石也很多，例如，磁铁矿、铬铁矿、磁黄铁矿都具有磁性，因此，磁性是鉴定陨石的辅助特征。

5.1.7 密度（比重）

岩石的密度取决于矿物组成，当岩石中含有金属矿物和无水铁镁硅酸盐时，岩石的密度明显偏大，陨石密度较大，是因为含有橄榄石、辉石和铁镍合金等密度较大的矿物。地球岩石中超基性岩、基性岩、金属矿石密度较大，与陨石的密度相当，当然也有一些特殊的陨石，如月球斜长角砾岩，密度很小。

岩石的密度测量步骤：①称量岩石质量 m_1；②盛水容器放置在电子秤上并清零；③用一根细线将岩石完全沉没在水中，得出电子秤读数 m_2；④密度 $\rho = m_1 \div m_2$。

5.1.8 肉眼鉴定步骤

经常会见到一些人拿着“陨石”四处求鉴定，没有得到结果却被不法分子骗取了很多钱财。其实，陨石肉眼鉴定是自己可以做的，具体操作步骤如下：

1）对疑似陨石用强磁铁测磁性，估算岩石密度，如岩石有磁性、密度较大，则观察以下几项内容（存在极少量的无磁性，密度小的陨石）。

2）看熔壳，要准确掌握陨石熔壳的特征并加以确认，不能因为外表是黑色就认为是熔壳，不存在熔壳的，再观察其他鉴定特征进行鉴定。

3）看气印，气印有其独特的剖面弧度，不能因为岩石有凹坑就认为是气印，气印与火山成因或风化成因的地球岩石上的凹坑差异较大。一般发现陨石由于居地年龄较大，气印不明显。

4）当熔壳与气印特征都不明显时，就要观察岩石的内部矿物组成和结构，首先要观察岩石是否有球粒，其次要观察和测试有无铁镍金属。当然，这样的鉴定有一定的局限性，因为存在 9.2% 的无球粒陨石和极其稀少的不含铁镍金属的陨石。

5）如果岩石中存在金属锈点，可进行磨光除去氧化层，用无釉白色瓷棒摩擦新鲜的金属点观察条痕色，陨石中的铁纹石和镍纹石条痕色为银白色。也可用镍的显色反应检测金属是否含镍，操作步骤为：

a. 一只棉签蘸取白醋，在未知岩石新鲜金属面上擦拭约 1 分钟；

b. 另一只棉签蘸丁二酮肟 1 秒钟，然后在氨水中蘸一下；

c. 两只棉签互相摩擦，如果样品含镍，则棉签会变成粉红色；检测镍的方法也有局限性，因为人造金属和含镍矿石也含有镍。

6）如果上述几个鉴定方法都失效，则需要观察岩石主要矿物成分是否为橄榄石、辉石、斜长石，如果矿物组成为橄榄石和辉石，则首先与地球超基性、基性岩石特征进行对比。

7）疑似铁陨石鉴定，首先切割出 2cm × 2cm 以上的新鲜部位，然后用砂纸打出光面，用硝酸酒精腐蚀液进行腐蚀，观察有无维斯台登纹、纽曼线或陨硫铁（图 5.12）。要注意区分腐蚀后的钢铁中奥氏体与马氏体共生也会呈现出花纹，但这些花纹不像维斯台登纹那样平直有序（图 5.13）。

图 5.12　铁陨石的维斯台登纹及陨硫铁、橄榄石特征

a—Cape York，IIIAB 铁陨石维斯台登纹及陨硫铁团块；b—Gibeon，IVA 铁陨石维斯台登纹及条状陨硫铁；c—吉木乃未分组铁陨石极细维斯台登纹及内部橄榄石晶体

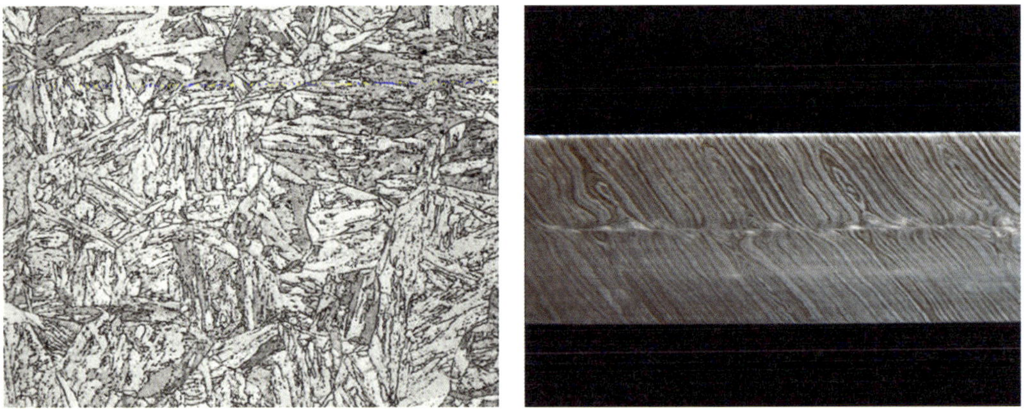

图 5.13　钢材中马氏体奥氏体共生组成的花纹（左）；合金铸造的工艺剑酸蚀后的花纹（右）

通过对上述特征的仔细观察，如果一块岩石拥有多项上述特征，这块岩石可称之为疑似陨石，当然，这需要相当丰富的经验和专业知识的积累。

普通民众如果怀疑自己的岩石为陨石，不要轻信网络上的鉴定拍卖等信息，为避免上当受骗，可自行联系地质矿产部门或国家科研院校进行研究鉴定。

5.2 陨石实验室鉴定

实验室对陨石的鉴定流程是：①对岩石的外观特征进行仔细观察，如果该岩石确实拥有陨石的特征，则有必要进行下一步工作；②制备光片、薄片样品，全岩主量、微量元素分析使用粉末样品；③选择分析测试方法，对样品进行观察、分析测试；对很多的岩石样品，经科研人员的镜下观察，已经被确定是地球岩石，则无必要进行全岩主量、微量元素分析测试；④对分析测试数据进行处理、分析，得出是否为陨石的相关结论。我国紫金山天文台和美国华盛顿大学近些年接受了很多民间“陨石”鉴定请求，但最终鉴定结果为陨石的比例大概是万分之一，可见陨石对普通民众来说是十分罕见的。广大民众应该本着对科研院所研究人员的专业知识充分信任的态度听取建议和解答，切勿执念，坚信自己手中的岩石样品就是陨石，四处寻求“陨石”的答案，很快就会落入诈骗团伙或不法的拍卖公司精心为你设下的圈套。

值得说明的是，陨石的鉴定所采取的样品必须具有代表性，如果所采取的样品不能代表整块陨石的整体特征，就会得出片面的结论。尤其对于成分不均匀的陨石，采样代表性就显得极为重要。科学取样的做法应该是：对于成分不均匀的岩石应在不同部位采样进行混合后送样。但是，多数送检的陨石样品都是局部切割，这直接导致了测试成果和类型的判别无法代表整块陨石。对于成分均一化的陨石（如岩浆成因的无球粒陨石或铁陨石），分析结果尚可应用；但对于成分不均一的陨石（如复矿角砾岩）或许就会得出错误的结论。最典型的实例莫过于俄罗斯的 Seymchan 橄榄陨铁，最初切割部位完全为铁镍合金，未见到橄榄石，所以得出的结论为：八面体铁陨石。随着研究的深入，切割部位见到橄榄石，又得出了橄榄陨铁的结论。我国的一些陨石在取样送检过程中都存在样品不具代表性的问题。究其原因，是因为样品的稀缺，加之陨石样品极其珍贵，多点取样操作起来有困难。

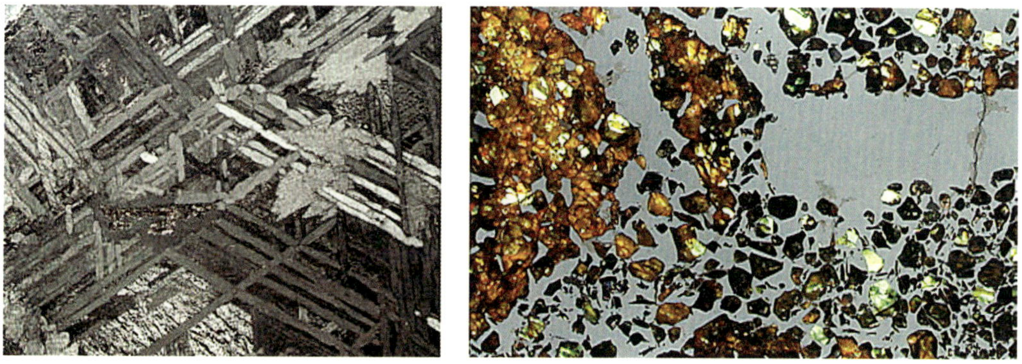

图 5.14 Seymchan 铁陨石切片

无橄榄石的 Seymchan 铁陨石切片（左）；含橄榄石较多的 Seymchan 铁陨石切片（右）

5.2.1 试样制备

首先将采取用于岩石学和矿物学特征观察和矿物化学成分分析使用的样品磨制成光片、薄片，在透反射偏光显微镜下进行岩石矿物组成和结构的研究，条件允许，可以运用扫描电子显微镜（或配有扫描电镜的仪器）生成背散射电子图，对于矿物边界区分效果更好。

图 5.15 电子探针片（左）；陨石磨制的薄片（标准厚度 0.03mm）（右）

图 5.16 陨石样品的背散射电子图（左）；陨石薄片在偏光显微镜下的照片（+）（右）

5.2.2 测试方法的选择

如果该样品具有陨石的矿物组成和结构，则需要进行化学成分的测试分析。岩石地球化学研究中有很多种测试方法，常用的几种分析测试方法有：X 射线荧光光谱分析（XRF）、电子探针分析（EPMA）、电感耦合等离子体发射光谱仪（ICP-AES）、电感耦合等离子质谱仪（ICP-MS）、热表面电离同位素稀释质谱（ID-TIMS）、离子探针（SIMS）等。

（1）X 射线荧光光谱分析（XRF）

X 射线荧光光谱分析（图 5.17）是基于 X 射线激发样品使之产生二次 X 射线，每个元素都有特征性的二次 X 射线波长，因此加入校正标准，通过测量不同元素的特征二次X射线的强度，就可以用来确定元素的浓度，典型岩石样品的分析有两种不同形式的样品制备方法；一种是将均匀的样品粉末压片来分析微量元素，另一种是由岩石粉末与亚硼酸锂或四方硼酸盐混合并熔融制成玻璃片来分析主量元素，主要用于分析硅酸盐全岩样品，缺点是不能分析比Na轻的元素。对主量元素的分析，结果可信度较高，可以应用;对微量元素的分析是半定量的，精度较差。便携式X射线荧光光谱仪，分析结果精度很差，因为其本身功率低，只能做定性分析，这种仪器主要用于研究程度较高的矿山，可快速进行矿石粗略分析，不能直接用于陨石鉴定。

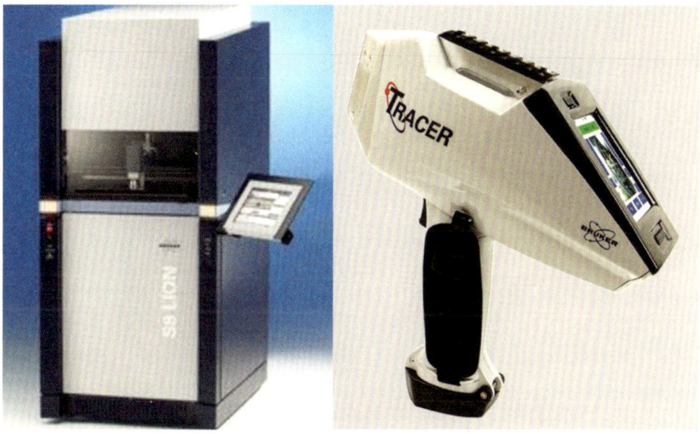

图5.17 X射线荧光光谱仪（左）；便携式X射线荧光光谱仪（右）

（2）电子探针分析（EPMA）

电子探针使用电子束激发样品获取二次X射线，对二次X射线的波长，相对于标准样峰的面积用适当的模型进行校正，可以将峰的强度转换为元素的浓度，电子探针主要用于矿物的主量元素分析，也可扩大束斑直径对隐晶质岩石或岩石熔融而形成的玻璃进行主量元素分析。另外，利用长的计数时间和精确的背景测量，电子探针的检测限，也可以延伸到微量元素的范围，满足分析部分微量元素的要求。电子探针的优点是具有极高的空间分辨率，可进行1~2μm的微区分析（图5.18）。

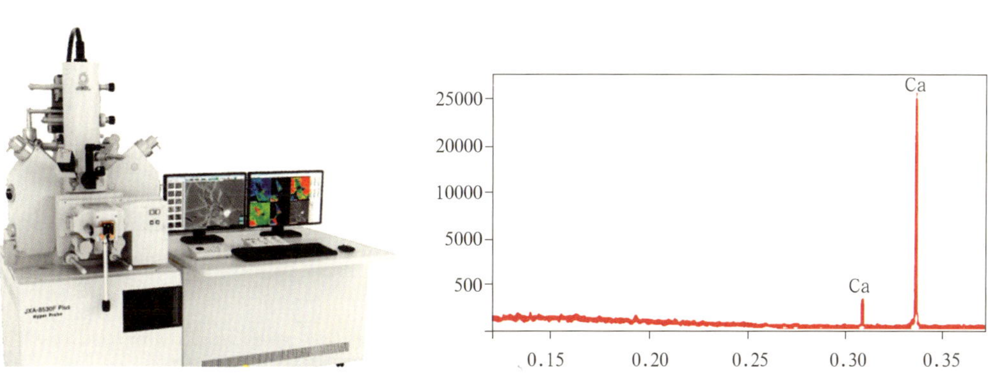

图5.18 电子探针仪（左）；电子探针仪测得的硅酸盐玻璃谱图（右）

EPMA 样品可以是光片、不加盖玻片的薄片或矿物颗粒，既可以定点做定性或定量分析，又能做线扫描或面扫描，以研究元素的种类、分布和含量，了解矿物成分分布的均匀程度和元素在矿物中的赋存状态，定量测定矿物内部各环带的成分，最适用于微小矿物和包裹体成分的定性定量分析，以及稀有元素、贵金属元素的赋存状态的研究，还可以辅以形貌观察。

EPMA 只能分析固态物质，对有机质的分析有困难，不能分析元素的同位素，各种形式的水及挥发组分，无法区分二价铁和三价铁。

（3）电感耦合等离子体发射光谱仪（ICP-AES）

电感耦合等离子体发射光谱仪（图 5.19）方法是将制好的样品溶液由雾化器喷出成雾状导入氩等离子体中，样品中大量的原子和离子被激发而发射出特征的谱线。然后用光电倍增器检测这些谱线，并与校正线对比，从而确定元素的含量。该方法具有检测限低、精确度高、测定迅速的优点，对主量元素、稀土元素及其他少量微量元素的分析精度较高。

图 5.19　电感耦合等离子体发射光谱仪（ICP-AES）

（4）电感耦合等离子质谱仪（ICP-MS）

电感耦合等离子质谱仪是目前应用最为广泛的微量元素分析手段，它具有非常低的检测限和良好的精确度及准确度（图 5.20）。只需将少量样品制成单一的溶液，通过蠕动泵引入的雾化器产生气溶胶，然后在高温等离子体中将气溶胶中元素电离，带电的离子束进入真空系统经离子透镜聚焦，进入四极杆质量分析器，按其质和荷比进行分离，用电子倍增器测量离子。该方法可分析大部分微量元素，在对溶样方法进行改进后，也可以对部分含量极低的微量元素（如铂族元素）给出不错的分析结果。

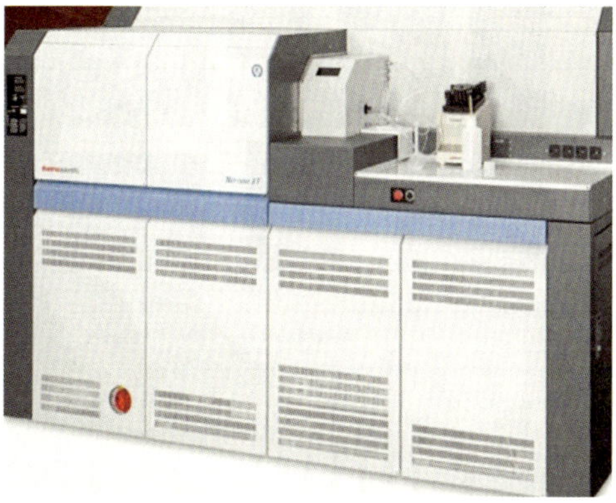

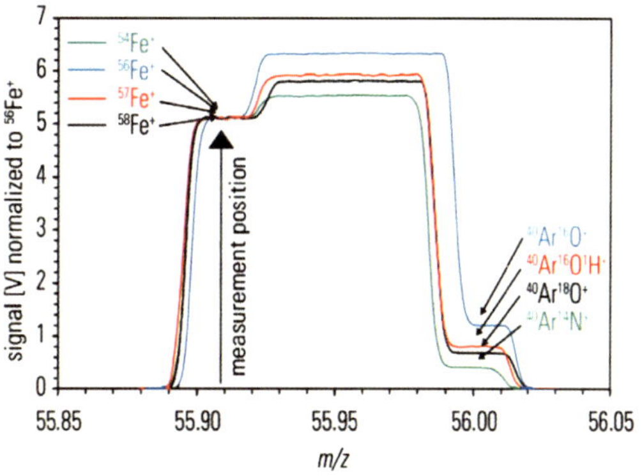

图 5.20　MC-ICP-MS 等离子质谱仪（左）；ICP-MS 铁同位素测量校正（右）

MC-ICP-MS 是近年来发展起来的另一种新的测试方法，它保持了 ICP-MS 高电离效率的优点，改善了磁分离器，增加了接收的法拉第环，可以快速分析同位素成分，配备了激光取样系统的 LA-MC-ICP-MS，可以直接对固体样品进行微区同位素测定。

（5）热表面电离同位素稀释质谱（ID-TIMS）

热表面电离同位素稀释质谱方法是所有微量元素和同位素分析技术中最精确最灵敏的方法，尤其适合测定浓度很低的元素或同位素，其过程是将一种同位素示踪剂（或稀释剂）加入样品中，稀释剂中含有已知浓度的特定元素，其同位素组成也是已知的，经过已知数量的稀释剂和已知数量的待测样品混合，只要确定了混合物的同位素比值，就可以计算出待测样品中元素或同位素的浓度，该方法在地质学研究中主要用来进行同位素测定。主要缺点是费时，价格昂贵，因此通常用来校准其他快速分析的分析结果。

（6）离子探针（SIMS）

离子探针将质谱的高精度和准确度与电子探针细微的空间分辨率有效地结合起来，可进行地质年代学、稳定同位素地球化学、微量元素分析及矿物的元素扩散研究。分析方法是用高度聚焦的氧离子束轰击一定面积的样品（直径 20~30 μm），致使二次离子发射，用二次离子质谱可以分析样品的同位素组成。离子探针技术在岩石地球化学领域具有广阔的应用前景，但该方法也存在分析时间长、费用高（24 小时 19000 元），以及维护复杂的缺点。

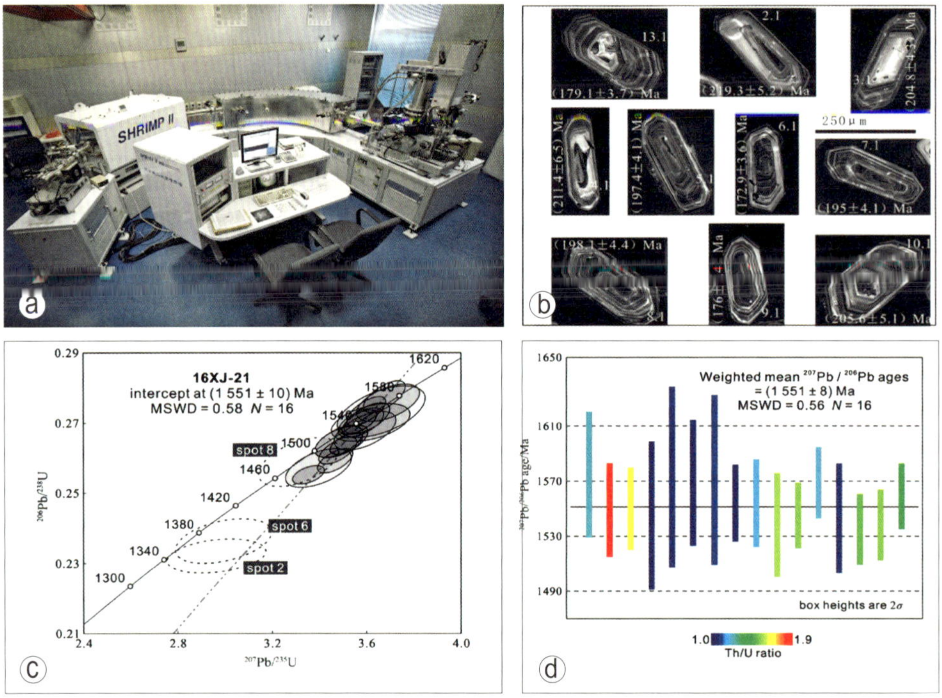

图 5.21　离子探针分析技术及其数据处理成果

a—离子探针；b—锆石阴极发光图（离子探针测试前结构研究）；
c—离子探针测试后经数据处理得出的 U–Pb 同位素谐和图；d—$^{207}Pb/^{206}Pb$ 年龄加权平均

上述几种成分分析方法各有优劣，根据具体情况选择合适的方法，可以得出较准确的数据。根据岩石的成因和新鲜程度，将单矿物成分与全岩主量、微量元素及部分同位素分析相结合，是必要的。

5.2.3　数据处理及标准参考物采用

测试得到数据需要经过定量测试数据校正才可以应用于计算，常见的数据校正方法有 XPP、ZAF、PRZ 等；标准参考物质是对测试成果可靠性的评判，标准物质有；美国地质勘探局标准物质（USGS）、AGV- 1（安山岩）、BHVO-1（玄武岩）、BHVO-2（玄武岩）、BCR-2（玄武岩）、南非矿物冶金技术局标准物质（MINTEK）、SARM-4（苏长岩）等。

5.2.4　陨石类型划分

如果一块岩石已被确定为陨石，且为常见的普通球粒陨石，则需要根据其总体化学组成、总的氧同位素组成、总的氮和碳的丰度及其同位素组成及氧化态，岩石类型、冲击变质作用、角砾岩的分类及居地风化程度进行详细分类。具体为岩石类型 – 化学类型二分法，岩石类型划分主要依据为:①橄榄石、辉石组成均一性;②低钙辉石结构;③次生长石发育程度;④火成玻璃;⑤金属矿物（镍最大含量);⑥硫化物（镍平均值);⑦球粒结构；⑧基质结构；⑨总碳含量；⑩总水含量。

化学类型划分主要依据为:橄榄石和低钙辉石中可反映 Fe 含量的铁橄榄石(Fa)、铁辉石（Fs）可作为重要分类参数，对于橄榄石和低钙辉石的 Fa/ Fs 值介于群分界值附近或因成分变化大而不能使用 Fa/ Fs 值作为分类依据的非平衡型陨石，金属中 Co 含量则可作为重要补充参数；铁纹石中 Ni 含量可作为一个参考，但不能精确匹配类型划分。Mg/Si、Ca/Si 和 Fe/Si 原子比；Ni/Mg 和 Fe/Mg 比值、陨石亲铁元素 Ni、Co、Fe、Ga 和 Zn 的含量分布，对化学类型划分都有一定的指导意义。

具有重要科研意义的陨石还会进行密度、磁性、稀有气体、氧同位素、碳同位素、CAIs(钙铝难熔包体)，甚至是天体生物学研究。

5.3 陨石的分类基础

流星体穿过地球大气层的固体残留物抵达地球表面称之为陨石，其余的地外物质包括在低的同温层和极地冰中回收的星际尘埃（简称 IDPs）等；大多数陨石和 IDPs 是小行星的碎片；极少数陨石来自月球和火星等大行星。近年来在南极和热带沙漠回收到大量的陨石样品，依据其总体组成和结构可粗略划分为球粒陨石、无球粒陨石(包括原始无球粒陨石和火成分异的陨石)。依据其氧同位素、化学、矿物学及岩石学特征进一步将陨石划分为不同的陨石群，每一种陨石类型具有类似的成因和形成历史，且来自相同的小行星或行星体，可能揭示不同类型陨石之间的成因联系。

5.3.1 陨石的分类依据

根据陨石的矿物－岩石学特征、化学组成及结构可划分为球粒陨石及无球粒陨石两大类。球粒陨石进一步划分为碳质球粒陨石族（CI、CM、CO、CR、CB、CH、CV 及 CK 球粒陨石)、普通球粒陨石族（H、L、LL 球粒陨石)、顽火辉石球粒陨石族（EH 及 EL 球粒陨石)、R 及 K 型球粒陨石群，而无球粒陨石进一步划分为原始无球粒陨石族（Acpulcoites、Lodranites、Winonaites、ⅠAB-Complex 硅酸盐包体）和分异的陨石族。分异的陨石族包括：无球粒陨石（钛辉无球粒陨石、顽辉无球粒陨石、富橄榄无球粒陨石、橄辉无球粒陨石、HED 族陨石、火星陨石及月球陨石)；石铁陨石（中铁陨石及橄榄陨铁)；铁陨石（IAB-complex、IC、IIAB、IIC、IID、IIE、IIF、IIG、IIIAB、IIIE、IIIF、IVA 及 IVB 群)。

陨石的分类如图 5.22 所示。

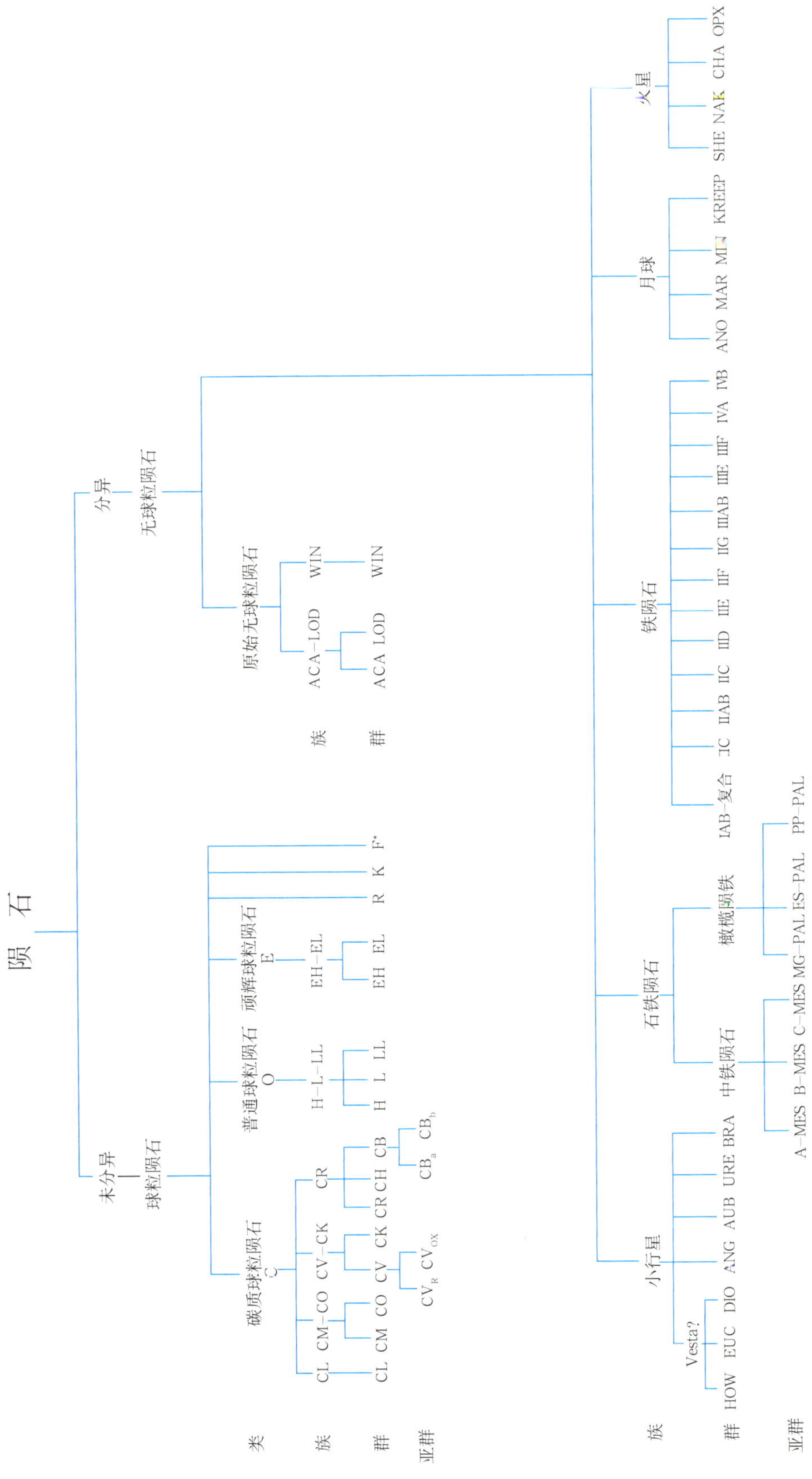

图 5.22 陨石分类

（不同研究领域应用不同的分类方案）

5.3.2　陨石分类的主要参数

球粒陨石主要由 5 种组分构成，即球粒、铁镍金属、富钙铝难熔包体（简称 CAIs）和似变形虫状橄榄石集合体（简称 AOAs）及细粒基质。一般学者认为球粒、金属和难熔包体是在太阳星云内的高温作用（凝聚作用、蒸发作用）形成的，随后 CAIs、大多数球粒和铁镍金属在不同程度的多期次加热过程中发生过熔融。但细粒基质、一些 CAIs 和一些碳质球粒陨石（CH 及 CB 碳质球粒陨石）中的金属似乎逃避了这些高温星云事件，虽然大多数球粒陨石在其母体小行星上经历过改造事件（水蚀变、热变质和冲击变质），但它们没有受到熔融和火成分异作用的影响，因此，保存了太阳星云内较原始的物理和化学信息。

球粒陨石的主要分类参数为总体化学组成、总的氧同位素组成、总的氮和碳的丰度及其同位素组成及氧化态；次要的分类参数是岩石类型、冲击变质作用、角砾岩的分类及居地风化程度（表 5.1；图 5.23）。

表 5.1　球粒陨石岩石学类型划分标准

<table>
<tr><th rowspan="2">岩石类型
划分标准</th><th colspan="7">岩石类型</th></tr>
<tr><th>1</th><th>2</th><th>3</th><th>4</th><th>5</th><th>6</th><th>7</th></tr>
<tr><td>橄榄石和辉石成分均匀性（PMD值）</td><td>—</td><td colspan="2">辉石平均偏差≥5%</td><td><5%</td><td colspan="3">均匀</td></tr>
<tr><td rowspan="2">低钙辉石结构类型</td><td rowspan="2">—</td><td colspan="2" rowspan="2">单斜辉石</td><td colspan="2">单斜辉石</td><td colspan="2" rowspan="2">斜方辉石</td></tr>
<tr><td>>20%</td><td><20%</td></tr>
<tr><td>次生长石发育程度</td><td>—</td><td colspan="2">缺失</td><td><2 μm</td><td><50 μm</td><td colspan="2">>50 μm</td></tr>
<tr><td>球粒中火成玻璃</td><td>—</td><td colspan="2">清晰的均质玻璃（含量不等）</td><td>少，脱玻化</td><td colspan="3">缺乏</td></tr>
<tr><td>金属矿物（Max.Niwt.%）</td><td>—</td><td>镍纹石很少或缺失 Ni<200mg/g</td><td colspan="5">铁纹石镍纹石共生（>20%）</td></tr>
<tr><td>硫化物（Ni平均含量）</td><td>—</td><td>>5mg/g</td><td colspan="5"><0.5%</td></tr>
<tr><td>球粒结构</td><td>无球粒</td><td colspan="2">非常清晰</td><td>较清晰</td><td>开始消失但可区分</td><td>难辨别</td><td>残晶</td></tr>
<tr><td>基质结构</td><td>细粒不透明</td><td>较不透明</td><td>不透明-半透明</td><td>透明-半透明微晶</td><td colspan="3">重结晶，透明</td></tr>
<tr><td>总碳含量/（wt.%）</td><td>3~5</td><td>0.8~2.6</td><td>0.2~1.1</td><td colspan="4"><0.2</td></tr>
<tr><td>总水含量/（wt.%）</td><td>18~22</td><td>2~16</td><td>0.3~3</td><td colspan="4"><1.5</td></tr>
</table>

注：本表采用 10 项指标

无球粒陨石由于熔融和分异作用引起总体组成不同程度地偏离球粒陨石，将这类陨石划分为两个主要的类型，即原始的无球粒陨石和分异的陨石。

原始无球粒陨石具有近似球粒陨石的组成，其结构为火成的或变质的，它们是经历变质作用的球粒陨石或较低程度部分熔融的残余物；分异的陨石来自大规模熔融，且同位素均一化，大多数来自经历过强烈分异作用的行星母体。

原始的无球粒陨石和分异的陨石之间无明显的界限。

如果我们从十几个球粒陨石中随机切割切片，会立即注意到它们的内部充满了球粒，不同的球粒陨石球粒丰度变化显示出较大幅度。在一些情况下，陨石的球粒非常密集，球粒之间即使用放大镜也只能看到很少的基质；一些球粒陨石显示出丰富而清晰的陨石球粒，而另一些球粒陨石的球粒已经模糊不清；甚至有时陨石球粒几乎完全消失在基质中，只留下陨石球粒曾经存在过的模糊痕迹。是什么原因导致这些球粒发生变化呢？大多数研究人员认为在太阳星云的早期形成了陨石球粒，从陨石球粒结构中看到的变化是次生变化的结果。热变质可能是由放射性元素衰变产生的热量引起的，聚积在母体内的这种放射热量致使陨石球粒和基质重结晶，从而导致陨石球粒模糊不清。

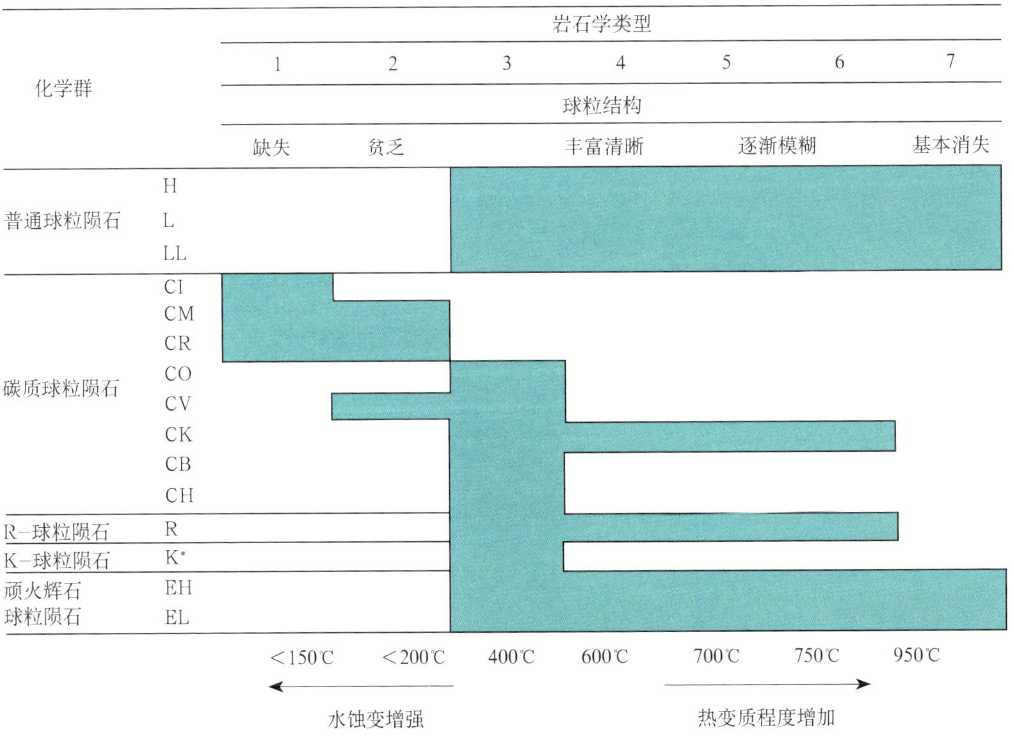

图 5.23　球粒陨石分类及岩石学类型

随着陨石球粒加积到生长的星子中(小行星的母体),它们从吸积过程中获取热量。石质硅酸盐矿物质是极不良的热量导体，随着母体的生长，岩石层会增厚，随着深度的增加而变得更热。靠近母体中心的温度达到 950° C，虽不足以熔化陨石球粒，但足以引起固态基质的重结晶和矿物的热变质作用。球粒是分类球粒陨石的重要依据之一。

1967 年，W.Randall Van Schmus 和 John A. Wood 发表了一篇重要论文，提出使用 10 个标准来定义所有球粒陨石的岩石类型，在本章表 5.1 中显示了 7 种不同的岩石类型。热变质作用程度从岩石类型 3 到 7 逐渐增强，岩石类型 3 被认为是化学上不平衡的，因此是最原始的，显示出橄榄石和辉石的岩石化学特征差异较大；岩石类型 4 到 7 是平衡的，它们的岩石化学特征比 3 型更均匀，岩石组分更趋于均一化。

图 5.24 显示了三种普通球粒陨石 3、4、5、6 型 4 种岩石类型的薄片图像，可以看到不同等级热变质作用对陨石球粒结构的影响。在图 5.24a 和 c 岩石类型 3 中，我们看到在黑色细粒的基质中有密集而清晰的椭球形到球形的球粒，基质由与陨石球粒具有相同的矿物组成，基质细粒不透明；在图 5.24b 中我们看到的岩石类型 4，H4 普通球粒陨石显示相当一部分陨石球粒发生了固态重结晶，基质和陨石球粒的轮廓不如 3 型的清晰；在图 5.24d 和 e 中岩石类型为 5；图 f 中岩石类型为 6，仅保留有极少数陨石球粒，基质和陨石球粒在固态重结晶后，陨石球粒边界变模糊并破坏了陨石最原始的结构。

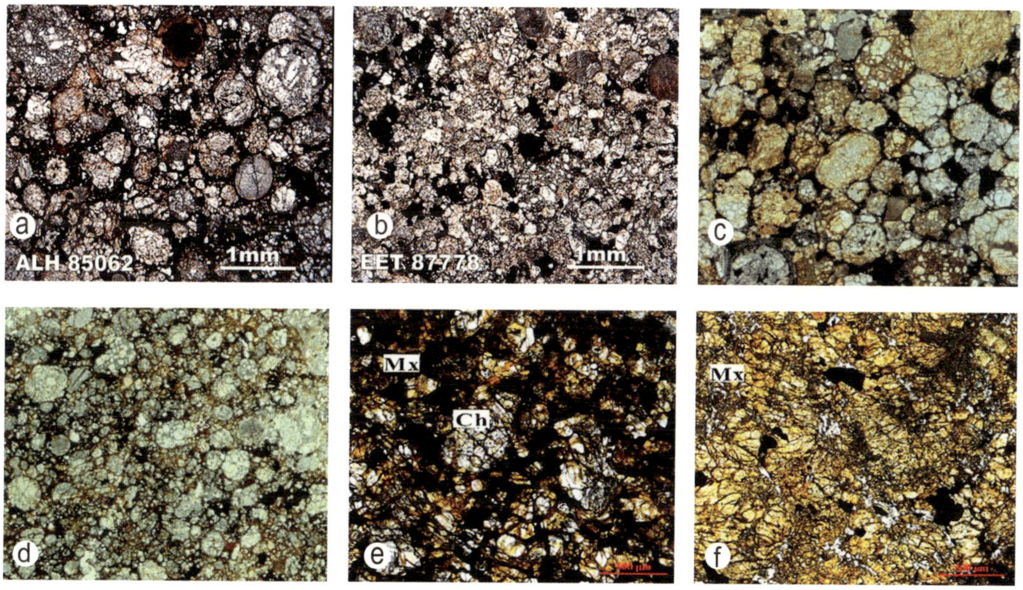

图 5.24 不同岩石类型的普通球粒陨石薄片电显微照片

a、c—H3 普通球粒陨石；b—H4 普通球粒陨石；d、e—H5 普通球粒陨石； f—L6 普通球粒陨石在上面的比较中，我们认为岩石类型 3 是非平衡的岩相，这意味着岩石类型 3 相对不受热变质作用的影响，基质是所有球粒陨石重结晶最少的，它们是所有陨石中最原始的陨石群，具有很多早期太阳系的运行演化过程的信息。

与非平衡的岩石类型 3 不同，4–7 型被认为是平衡的，这意味着这些类型的陨石球粒和基质已完成与邻近矿物质的化学反应，它们已达到相对平衡的状态，矿物质趋于均一化。

基质结构是另一个可用于确定陨石岩石类型的标准。我们注意到基质在 3 型和 4 型早期保持不透明，从某个点开始可以看到透明的微晶基质形成，它继续重结晶，晶体越来越大，直到 6 型，基质变为透明的浅灰色。

对初学者来说更具挑战性的标准是在显微镜下观察次生长石的发展程度。长石是一种钠钙铝硅酸盐，从岩石类型 4 开始亚微晶颗粒中的基质中结晶出来，在 5 型时玻璃基质开始结晶并逐渐消失，50~100 μm 的次生长石晶体的出现是确定 6 型基质的标志，超过该点的进一步加热可能导致球粒陨石的部分熔融。

第 6 章

貌似陨石的地球岩石

- 超基性岩
- 基性岩
- 铁矿石
- 球状构造的地球岩石
- 火山碎屑岩
- 沙漠漆
- 硅质岩
- 黑褐色风化壳
- 河卵石
- 炼铁炉渣
- 角砾岩

地球岩石中也有一些含有球形矿物集合体的岩矿石，例如，豆状赤铁矿、球状流纹岩、球状花岗岩、鲕状灰岩等，相比于陨石的球粒，这些圆形矿物集合体，尺寸明显偏大，可以达到几毫米，甚至几厘米；而陨石中的球粒，平均直径大于一毫米的较少。

有一些地球岩石的外观特征与陨石十分相似，导致很多人拿着地球岩石，四处找专家、求鉴定，这给了很多诈骗拍卖等非法机构以可乘之机。一些人因为“陨石”二字，被诈骗团伙骗取巨额钱财的故事已经屡见不鲜。陨石圈内有一句话：“收藏陨石，先收藏知识”。如果能准确地鉴别地球岩石，也就可以粗略地鉴别陨石，本章中列出一些常见的貌似陨石的地球岩石，虽然不够全面，但可以涵盖大类。对于貌似陨石的地球岩石，如果以图片堆叠的方式进行讲解就显得过于乏味，因为同一种岩石可以拥有多种不同的外观，所以肉眼鉴定岩石的核心内容是观察矿物组成、结构构造，这也是本书引入结晶矿物学基础的原因，随着经验的积累，可以准确地识别出不同矿物在不同岩石中的表现形式，矿物种类一旦确定，岩石的大类也就可以确定，识别地球岩石对刚刚入门的陨石爱好者来说具有重要意义，因为地球岩石的数量远大于陨石，所以见到地球岩石的概率更大。

地球岩石可以分为三大类，即沉积岩、变质岩和火成岩。三种岩石可以在所处地质条件改变而互相循环转化，转化的过程称为岩石循环。地球岩石中超基性岩和基性岩的矿物组成与陨石十分相似。对于普通陨石爱好者来说，鉴别无球粒陨石和超基性岩是十分困难的，但是如果准确地掌握地球岩石的结构构造特征及矿物组成，进行简单的区分是可以实现的。存在某些与地球岩石矿物组成十分相似的无球粒陨石，要实现肉眼鉴别，即使是专业人士，也十分困难，必须依靠实验手段才能进行准确的区分。综合国内外被人误认为陨石的地球岩石来看，可以用“黑”“磁”“坑”三个字来概括被误认为陨石的地球岩石的特点：多数是因为岩石外表呈现黑、褐色外壳与陨石熔壳颜色相似；原生（风化）形成的凹坑与陨石气印混淆；多数被误认为陨石的地球岩石具有磁性，另有少数是因为矿物组成为橄榄石、辉石、角闪石和长石的超基性岩或基性岩，甚至是中性岩的火成岩。

前文已强调肉眼鉴定岩石最主要的依据是岩石的矿物组成、结构和构造。单单依靠图片展示来区分岩石是否为陨石是不具有指导意义的。所以要想准确地识别岩石种类，必须依靠岩石的结构构造特征和内部的矿物组成。

在这里有必要强调岩石的结构和构造。岩石的结构是指组成岩石矿物的结晶程度、颗粒大小、颗粒形态、颗粒取向及颗粒之间的相互关系。岩石的构造是指岩石中不同矿物集合体之间或矿物集合体与其他组分之间的排列方式及充填方式所表现出来的特点。

由定义来看，铁陨石的维斯台登纹，是铁纹石和镍纹石单晶体按空间八面体排列，属于颗粒取向及颗粒之间的相互关系，因此称为维斯台登结构较适宜。结构主要属于手标本和薄片中识别的现象，针对矿物而言，反映热力学环境；构造主要关注大尺度上岩石的宏观特征，针对矿物集合体而言，体现动力学特征。

下面对容易与陨石混淆的地球岩石进行简要介绍。

6.1 超基性岩

超基性岩是指二氧化硅含量低于 45% 的火成岩。超基性岩在地表出露非常少，出露面积不到火成岩出露面积的 1%。超基性岩石主要由粒度较大的铁镁质矿物橄榄石、斜方辉石或单斜辉石组成。此类岩石色率高、密度大，次要矿物有角闪石、黑云母和斜长石，副矿物有尖晶石、铬铁矿、钛铁矿、磁铁矿和磷灰石。

6.1.1 橄榄岩

主要由橄榄石和辉石组成，橄榄石含量为 40%~90%，辉石为斜方辉石和单斜辉石，可含有少量角闪石、黑云母和铬铁矿。颜色浅绿色，粒状结构为主，包含结构、反应边结构和海绵陨铁结构也较常见。可见的角闪石和黑云母的出现可以作为判定地球岩石的依据。

6.1.2 纯橄岩

岩石几乎全部由橄榄石组成，橄榄石占岩石总量的 90% 以上，以最初发现于新西兰的 Dun Mountian 命名，向辉长岩过渡时，可含有少量基性斜长石，新鲜的纯橄岩呈橄榄绿、黄绿或浅绿灰色，自形或他形粒状结构，致密块状构造，含有铁氧化物，呈海绵陨铁结构。新鲜的纯橄岩较少见，一般会遭受不同程度的伊丁石化、皂石化、蛇纹石化。

地球上的橄榄岩一般含有黑色粒状磁铁矿，磁铁矿填充的橄榄石晶粒间，构成海绵陨铁结构，富橄榄无球粒陨石和纯橄榄石无球粒陨石是极为罕见的陨石种类，肉眼难以 观察到磁铁矿。图 6.1 和图 6.2 为不同成分组成的各类橄榄岩及富橄榄无球粒陨石切片。

图 6.1　不同成分组成的橄榄岩

a—纯橄岩；b—苦橄岩（日文音译）；c—橄榄岩

（图片来源：http：//www.chinaneolithic.com；http：//www.mining120.com）

图 6.2　不同成分的橄榄岩及富橄、纯橄无球粒陨石切片

a—纯橄岩；b—尖晶石二辉橄榄岩；c—富橄榄无球粒陨石切片；d—纯橄无球粒陨石切片

（图片来源：http：//res.zjer.cn）

6.2 基性岩

基性岩类是地球上面积分布最广的一类火成岩，更是月球上最重要的火成岩。基性岩的代表性喷出岩是玄武岩，代表性侵入岩是辉长岩。基性岩岩石化学成分：SiO_2

含量为 45%~52%。FeO^*（全铁）含量为 9%~11%，MgO 含量为 4%~10%。基性岩矿物成分特点是，以辉石和基性斜长石为主要组成矿物，有时含有橄榄石，少量斜长石、石英或霞石，色率为 35~65，岩石呈灰黑色，密度相对较大。

6.2.1　辉长岩

主要有基性斜长石和单斜辉石组成。不含或含有少量橄榄石、斜方辉石（图 6.3）。有些辉长岩具有球状构造，称为球状辉长岩。部分火星、月球陨石和 HED 族陨石为辉长质，尤其是没有角砾岩化的，与地球上的辉长岩矿物组成极其相似。这些陨石在没有熔壳等外观特征残留的情况下，与地球上的辉长岩用肉眼较难区分，需要在实验室进行测试加以区别。

图 6.3　典型辉长岩，具有典型的辉长结构，矿物组成主要为辉石和斜长石

6.2.2　玄武岩

玄武岩是基性喷出岩的代表性岩石，主要由辉石和基性斜长石组成，碱性玄武岩可含有丰富的橄榄石。次要矿物为磁铁矿、钛铁矿、赤铁矿、长石、石英，沸石等。

玄武岩是地球上最容易被误认为陨石的岩石之一（图 6.4）。在所有被误认为陨石的地球岩石中，玄武岩占大部分。究其原因是因为玄武岩类似于陨石外表黝黑的特点，类似气印的气孔，充填气孔后形成类似球粒的杏仁状构造，密度较大，且有一定的磁性。有些玄武岩具有球粒结构，岩石中出现一些细小的球状体，球状体大小多为毫米到厘米级别，主要是斜长石组成的放射状集合体。当球粒玄武岩受风化作用及某些蚀变作用后，岩石表面显现出许多凸起的球粒，风化强者球粒可脱落。显微镜下观察表明，这些凸起的球粒是斜长石、绿泥石化的结果。

地球玄武岩一般呈细粒隐晶质至玻璃质，也有斑状结构。由于玄武岩中含有大量挥发成分，玄武岩普遍发育气孔构造和杏仁构造，也有致密块状玄武岩。

图 6.4 不同形状特征的赤铁矿

a—气孔状玄武岩；b—致密块状玄武岩；c—杏仁状玄武岩，与球粒陨石看起来很相似，充填气孔的物质一般从气孔边缘开始生长，有的充填物质具有同心圆状结构，一般为硅质或钙质；d—气孔状玄武岩，含有拉长的气孔，表面凹坑与陨石气印很相似，但这些凹坑连通性差，边缘陡立

6.3 铁矿石

6.3.1 赤铁矿

赤铁矿的化学分子式为 Fe_2O_3，会有 Ti，Co，Mn，Cu 等类质同象混入物。

赤铁矿单晶体呈现板状，主要由板面与菱面体所形成的聚形，集合体形态多样，显晶质有片状、鳞片状或块状，隐晶质有鲕状、肾状、粉末状和土状（图 6.5）。具有金属光泽的片状集合体称为镜铁矿。具有金属光泽的细鳞片状集合体称为云母赤铁矿。呈现鲕状或肾状的称为鲕状赤铁矿或肾状赤铁矿。具有粉末状的赤铁矿集合体称为铁赭石。

物理性质：显晶质的赤铁矿呈现铁黑色或钢灰色，隐晶质的鲕状，肾状和粉末状呈暗红色，条痕为樱桃红色，金属光泽至半金属光泽或土状光泽，不透明，无解理，摩氏硬度 5.5~6，相对密度 5.0~5.3，性脆。镜铁矿常因含有磁铁矿包裹体，而呈现较强的磁性。

鉴定特征：樱桃红色的条痕是鉴定赤铁矿最主要的特征。

图 6.5 不同形状特征的赤铁矿

a—块状赤铁矿矿石； b—赤铁矿石断面（同心环状或放射状）； c、d—肾状赤铁矿

6.3.2 磁铁矿

磁铁矿的化学分子式为 Fe_3O_4，等轴晶系，单晶体呈现八面体或菱形十二面体，集合体呈现致密块状或粒状。

物理性质：磁铁矿呈铁黑色，条痕黑色，半金属光泽不透明，无解理，硬度为 6，性脆，具有强磁性。因为具有磁性，所以被很多人误以为是陨石。很多磁铁矿被当作陨石进行交易（图 6.6），其实用无釉瓷板进行刻划即可进行区分。磁铁矿的条痕色为黑色。

图 6.6　易与陨石混淆的磁铁矿

a—磁铁矿石；b—磁铁矿石，风化磨圆后表面光亮

（图片来源：http：//mts.jk51.com；http：//xz.people.com.cn）

6.3.3　褐铁矿

通常人们所说的褐铁矿是以针铁矿或水针铁矿为主要组分，并含有数量不等的纤铁矿、水纤铁矿、含水氧化硅、黏土等细分机械混入物，褐铁矿呈现各种色调的褐色，条痕色为黄褐色，硬度变化较大，为 1~4。相对密度 3.3~4.0，通常呈钟乳状、葡萄状、致密疏松块状产出。褐铁矿在地表几乎随处可见（图 6.7）。

鉴定特征：以胶体形态和褐黄色的条痕色为主要鉴定特征。

图 6.7　褐铁矿矿石

6.4　球状构造的地球岩石

1）珍珠构造：是由火山玻璃冷凝收缩而形成的一种裂隙构造，其特征是一系列破裂的断断续续的同心圆面，类似珍珠状集合体的形态，在珍珠岩中最为常见。

2）球状构造：某些深成岩，特别是花岗岩、闪长岩和辉长岩中偶尔有一些球状的分结物产生而形成的一种构造，主要表现为一些矿物围绕某些中心呈同心层状分布。

3）石泡构造：主要见于黏度较大的酸性熔岩中，是由于气体多次逸出及冷凝收缩而产生的一些具有空腔的多层同心球状体，空腔内常含有次生石英和玉髓等矿物充填。典型岩石为石泡流纹岩（图 6.8）。

图 6.8　具有球状构造的部分地球岩石

a—球状流纹岩（球是由矿物充填形成，放射状或同心圆状）；b—铝土矿，沉积成因，同心圆状球；c—更长环斑花岗岩；d—球状花岗岩；e—球状构造；f—球状片麻岩（构造成因，剪切作用形成）（图片来源：http：//res.zjer.cn；http：//www.sina.com）

4）沉积岩中的球形颗粒：

粗砂岩。岩石一般呈现灰白色、浅绿色，黄色，红色。砂岩中的砂质结构，是沉积作用形成的。砂岩中的矿物颗粒是经历风化剥蚀搬运最后沉积下来的，具有良好的分选磨圆，包含原岩特征，基质胶结物是水环境中的胶体。

鲕状灰岩、团粒灰岩、核形石灰岩。这类碎屑都具有同心状颗粒，存在核心和包壳，与陨石的球粒明显不同（图 6.9）。

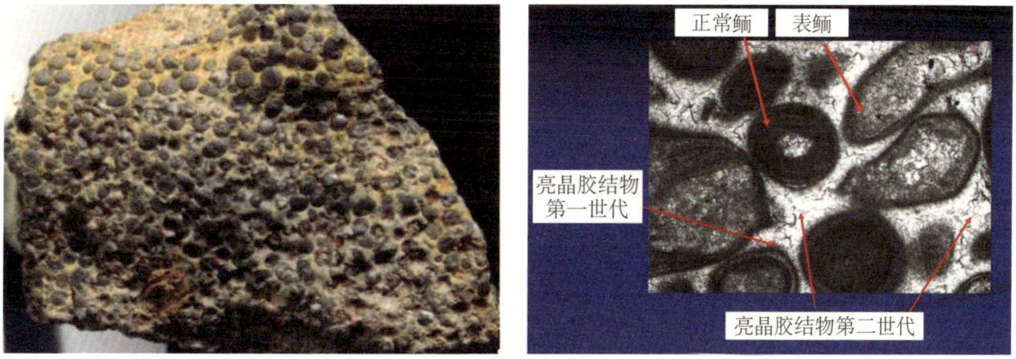

图 6.9　鲕粒灰岩及其同心圆状显微结构

上述几种地球岩石都拥有不同的球状构造，多数具有同心圆状，大多是矿物充填空洞产生的生长纹层或是在水环境中沉积或脱水产生。这与陨石的球粒有显著区别，陨石的球粒很少见到矿物分层现象，但存在硅酸盐球粒具有金属包壳的陨石。

6.5 火山碎屑岩

火山碎屑岩是由爆发式火山活动产生的各种碎屑物堆积后通过成岩作用固结而形成的岩石（图 6.10）。火山碎屑岩常具有特殊的颜色，如黑、红、暗绿、紫红、灰绿、黄褐色等，其与陨石混淆的原因是具有角砾状构造。火山碎屑岩的角砾具有多种颜色，岩石种类混杂，即便是陨石中的复矿角砾岩，角砾颜色一般不会超过三种。另外，火山碎屑岩的胶结物是火山灰，含有岩屑、晶屑和玻屑，有一些火山碎屑岩具有假流纹构造，显示出流动的特征。这类岩石没有金属矿存在的情况下密度普遍偏小。

图 6.10 火山角砾岩，岩石组成极为复杂，是成岩之前某地区各种岩石的集合

6.6 沙漠漆

这个名称是以岩石外观特征命名的岩石统称。所谓沙漠漆，就是戈壁基岩裸露的荒漠区，由于地下水上升，蒸发后常在石体表面残留一层红棕色氧化铁和黑色氧化锰薄膜，像涂抹了一层油漆，故名沙漠漆（图 6.11）。易与陨石相混淆，是因为黑色、红褐色表皮与陨石相似。沙漠漆与陨石熔壳的区别是：沙漠漆光滑细腻，触摸易污手，有半玻璃光泽－树脂光泽；而多数新鲜陨石熔壳是粗糙的，放大镜观察可以看到微气孔。

图 6.11 沙漠漆，颜色是铁锰氧化物在硅质岩石外部致色

（图片来源：http：//chly63.blog.163.com）

当然，有的陨石因为居地年龄较大，陨石熔壳完全脱落，也会形成沙漠漆表皮。需要仔细观察有无金属风化流失形成的铁锈色、小凹坑和球粒导致的凹凸断面，如果仍然无法鉴定，可以用强磁铁测磁性，如有磁性且密度较大，则需要引起注意。

6.7 硅质岩

被误认为陨石的地球岩石中有相当比例的硅质岩石，这些岩石是以二氧化硅为主要成分的岩石，赏石界所称的玛瑙、戈壁石、昆仑雪玉、金丝玉等诸多名称都是对这类岩石的称谓（图 6.12）。貌似陨石的硅质岩石大都具有黑色外观，外形呈现球形或椭球形，岩石表面光滑。但质地单一的硅质岩石大都密度较小，没有磁性，新鲜表皮或断面呈现油脂光泽，贝壳状断口，内部为隐晶质结构，无法用肉眼区分矿物颗粒。

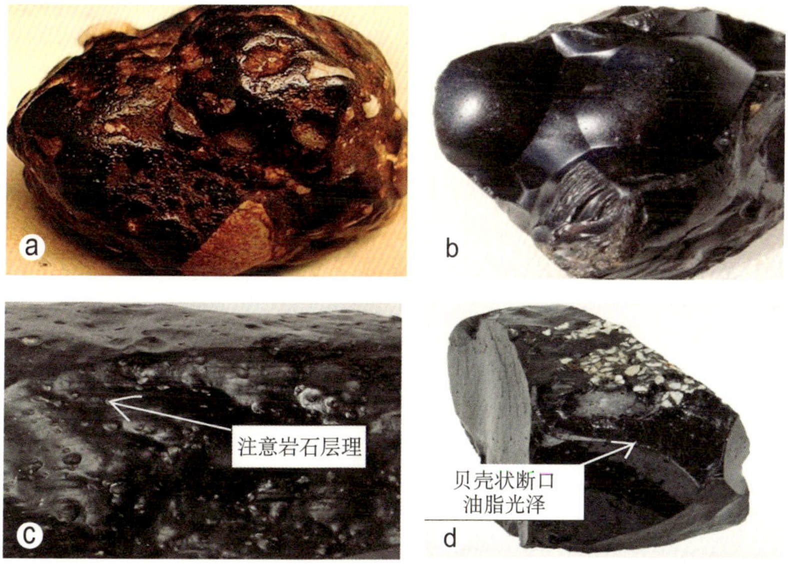

图 6.12 易被误认为陨石的硅质岩

a—戈壁金刚，一般呈红褐色，油脂光泽；b、d—黑曜岩，断面油脂光泽，贝壳状断口；c—黑色戈壁石，保留了原岩的层理构造

6.8 黑褐色风化壳

大多数被误认为陨石的地球岩石，都具有黑褐色表面，需要说明的是，黑褐色的外观，不是鉴定陨石的标准。在地球上进行的物理化学风化会在岩石表面形成各种颜色的风化外壳。具有黑褐色的风化外壳的地球岩石十分常见，这里黑褐色的风化外壳，不一定在干旱地区产生，与沙漠漆不同的是，分布范围十分广泛，基本在各种地区都可以产生。黑褐色的风化壳大都是岩石内部的矿物经过风化作用形成其他的矿物所呈现出的颜色，当然，也有一些岩石的外壳颜色不是内部矿物风化形成的，是由于含有锰质、铁质溶液，在岩石的外表形成染色。与陨石熔壳不同的是，风化淋滤形成的外壳，质地细腻，厚度稍大，且与岩石内部过渡不明显，多数带有一些铁锈的褐色（图 6.13）。

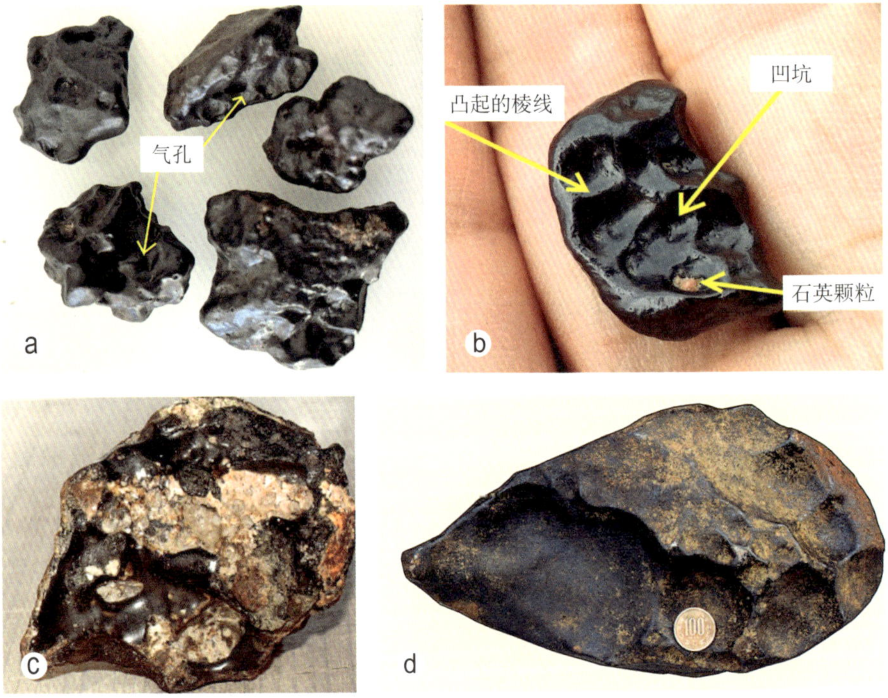

图 6.13　易被误认为陨石的黑褐色风化壳

a—玄武岩， 形成沙漠漆的同时，经历长期风沙打磨，形成的亮黑色外壳，凹坑并非气印，而是气孔；
b—硅质岩，与阿林铁陨石外观十分相似，但很轻，没有磁性；c—黑色风化壳，岩石为火山角砾岩；
d—黑色风化外壳，岩石为玄武安山岩，产自秘鲁

6.9 河卵石

河卵石是河流的冲积作用导致搬运在河道的岩石形成浑圆状外观，具有一定的磨圆度和分选度，岩石种类与汇流区域岩石一致，河卵石被误认为陨石，是因为其浑圆状的外观，部分为角砾岩，根据前面章节所讲述的岩石矿物学基础，鉴定相对容易（图 6.14）。

图 6.14 外观类似陨石的河卵石
a—卵状的河卵石；b—亮黑色的河卵石（注意层理）

6.10 炼铁炉渣

1958 年，我国进行了大炼钢铁运动，在全国范围内进行了大规模的人工炼铁活动，多地开展了民众找铁矿工作，纷纷建立土炉炼铁，这期间生成了大量人工炼铁产生的废渣。人工炼铁产生的炉渣容易与铁陨石相混淆（图 6.15），其原因是：密度较大且有红褐色的铁锈外壳。鉴定方法是：将样品进行切割、酸洗，观察有无维斯台登纹，需要说明的是，现代工艺冶炼出的钢，在酸洗后会形成与维斯台登纹十分相似的花纹，是马氏体与奥氏体共生，因为组成成分的差异，酸洗后产生花纹，但马氏体一般呈针状或板状与残留的奥氏体共生。酸蚀钢铁产生的花纹，在空间排列上不如维斯台登纹平直有序（图 6.16）。

图 6.15 炼铁炉渣，主要由混杂的岩石碎屑和残留的生铁组成，气孔发育，金属部位酸洗后没有维斯台登纹或纽曼线

（图片来源：https://sites.wustl.edu）

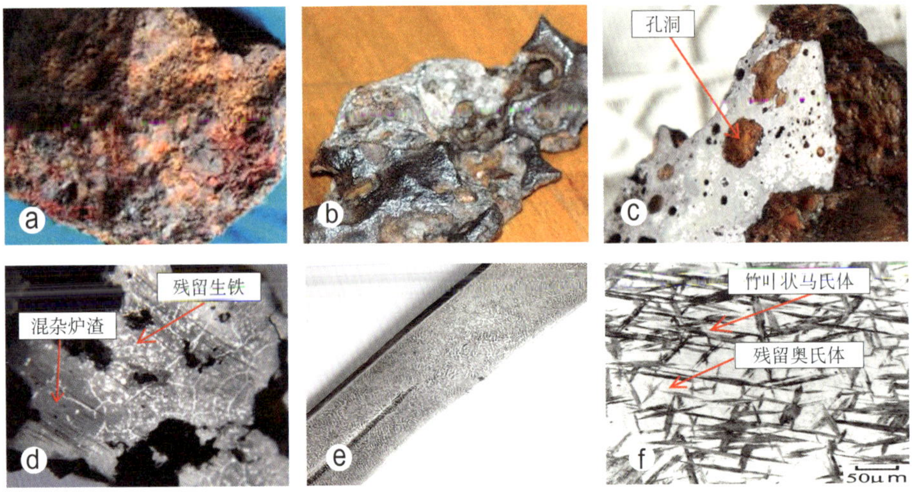

图 6.16 废铁、炼铁炉渣与酸蚀合金钢及钢显微结构特征

a、b—冶炼产生的废铁；c、d—炼铁炉渣切面；e—酸蚀的合金钢；f—钢显微结构

6.11 角砾岩

地球上的角砾岩成因复杂，有火山成因、构造成因、流体成因等，火山角砾岩的岩石组成十分混杂，色彩丰富；构造角砾岩是指在构造应力作用下致使岩石碎裂，经过胶结、固化而形成的岩石；岩石中的角砾大多数具有定向特点，有一些因为位移距离较小，具有可拼接性；胶结物多数为隐晶质。流体致裂产生的角砾岩，在岩石中具有明显的液化流动特点，岩石碎屑具有统计意义上的定向（图 6.17）。

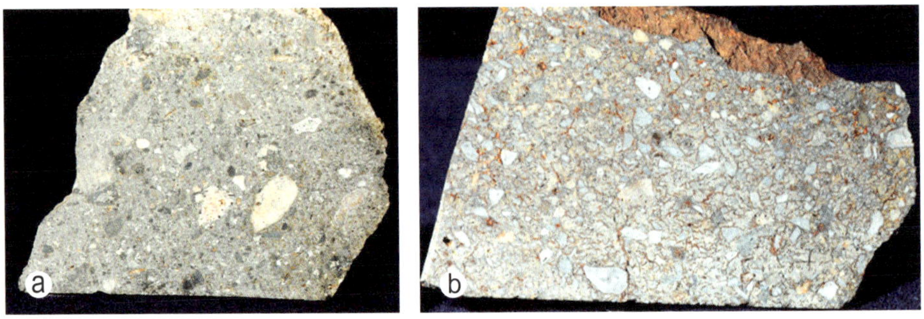

图 6.17 易被误认为陨石的角砾岩

a—火山角砾岩（易被误认为辉长角砾无球粒陨石，胶结物为火山灰）；b—构造角砾岩（易被误认为角砾岩化球粒陨石，胶结物为硅质）

众所周知，陨石具有不同程度的角砾岩化特征，但角砾岩化的陨石，依然保留着陨石的本质，还有不同数量和形态的球粒和金属颗粒。冲击熔融陨石，会含有金属球粒，部分铁会转变为陨硫铁。

冲击变质作用形成的角砾岩，详细研究见本书第 9 章。

第 7 章

球粒陨石类型与识别

- 球粒陨石概述
- 普通球粒陨石（OC）
- 碳质球粒陨石（CC）
- 顽火辉石球粒陨石（E）
- K 球粒陨石
- R 球粒陨石
- F* 群

7.1 球粒陨石概述

根据总体化学、总的氧同位素组成、矿物学、岩石学及不同球粒陨石质组分的比例划分 14 个主要球粒陨石群，每一个球粒陨石群至少有 5 个成员。

K 球粒陨石有 4 个成员，故划分为 K 球粒陨石小群，F 陨石小群有待建立。具独特的矿物学和化学特征的球粒陨石，划分为未分群的球粒陨石（ungrouped chondrite）。化学、矿物学及同位素相似，并在相同时间相同的小的太阳星云区内以及狭窄日心距离范围内形成的球粒陨石群，将其归类为球粒陨石族。随着研究的深入，必定会有更多的陨石族和陨石群建立，不同族群之间的起源、演化、继承关系会进一步明朗。在过去很长一段时间内科学家把陨石分为石陨石、铁陨石和石铁陨石。

总体来说，至今这个分类仍然很有用。虽然很粗略，但足以告诉我们陨石的三种不同类型。铁陨石比地球的岩石密度大，并且有强磁性。石陨石与地球岩石看上去很相似，矿物组成与地球的超基性岩很相似。石铁陨石是铁镍金属与石陨石的混合体。当我们用一个磁铁去吸引一些石陨石发现它也会被吸引，虽然没有铁陨石磁性那么强，但也有强弱不等的磁性，所以单纯依靠描述性的研究是不够的，陨石需要更加系统的研究。当我们切开一个风化程度较低的普通球粒陨石时会发现它的内部含有细小的金属颗粒，这些金属主要是铁镍合金，除了独特的金属外，在陨石中含有一种特殊的结构（指矿物的大小、形态和相互关系），基质中散乱地分布着亚毫米到毫米大小的球形颗粒，这些球形颗粒叫作球粒。图 7.1 为发现于新疆阿克赛钦的普通球粒陨石。

图 7.1　Aksai Chin，H5，发现于新疆阿克赛钦的普通球粒陨石

组成球粒和基质的矿物大体相同，在地壳和地幔也含有这些矿物。但陨石毕竟是太空来的物质，矿物的组成和结构与它的来源有直接关系。通过研究球粒陨石的独特结构，有助于区分它们的化学类型。

球粒陨石的矿物组成和结构相比于地球岩石来说是独特的，矿物组成和结构取决于岩石起源，起源于地球还是其他天体，岩石会呈现不同的结构，球粒陨石不像铁陨石和石铁陨石的结构那样简单，球粒陨石具有矿物组成和结构的多样性，有一些独特的结构仅在球粒陨石中可以发现，这有助于我们为这些球粒陨石制定一个有序的分类原则。

截至 2018 年 11 月，IMA（国际矿物协会）已经命名 5413 种矿物。其中，已知有超过 280 种矿物存在于陨石中。这只占地球环境中约 7% 的矿物种类。地球岩石以及其他类地行星都是由矿物集合体组成的岩石所组成。

球粒陨石被认为是所有陨石中最原始的陨石，它们的元素组成非常接近太阳的元素组成。按质量计算，太阳的氢含量为 73.5%，氦含量为 25%。如果我们去除这些气体和剩余的挥发性成分，如氧、氮、碳、氖等，剩余的非挥发性元素只剩下 1.5%。CI 碳质球粒陨石拥有最原始陨石的元素组成，通常将其与太阳光球层的元素丰度进行对比。图 7.2 中将太阳元素丰度与 CI 碳质球粒陨石的元素丰度进行了比较。实线是太阳的非挥发性元素，CI 非挥发性元素的元素丰度非常接近这条线，证明了原始球粒陨石与太阳的元素组成非常接近。

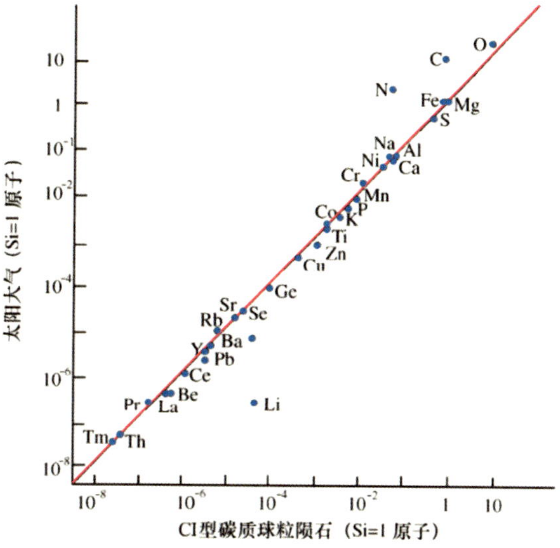

图 7.2 太阳元素丰度与 CI 碳质球粒陨石的元素丰度对比

在所有观察到落入地球的石陨石中，绝大多数（约 86.1%）是普通球粒陨石。球粒陨石的名称来源于陨石内部发现的微小的火成起源球粒。除了 CI 碳质球粒陨石不含球粒外，目前发现的所有球粒陨石都含有不同自形程度的球粒，球粒的形状大体呈球形，直径大多在 0.1~4mm 之间，有一些球粒直径可以达到几厘米。

球粒陨石采用类、族和群三级分法。主要包括普通球粒陨石类（OC）、碳质球粒陨石类（C）、顽火辉石球粒陨石类（E）、R 类球粒陨石和 K 类球粒陨石。

7.2 普通球粒陨石（OC）

普通的球粒陨石是数量最多的石陨石，占已知陨石总数的 86.1%，目击和发现的都是如此。它们的成分主要是橄榄石、辉石、斜长石、铁镍金属等。普通球粒陨石分为三个不同的化学群：即 H，L 和 LL 群普通球粒陨石。

普通球粒陨石被指定为“普通”仅仅是因为它们是最常见的一类石陨石，并不是说他们不具有科研意义。作为太阳系原始物质的普通球粒陨石，远比地球上的黄金和钻石更加稀有，也比地球上已知的任何矿物都要古老。更重要的是，当研究涉及太阳系中球粒物质的实际分布时，普通球粒陨石的价值就显得不“普通”。一些研究人员提出，普通球粒陨石高频率的降落可能是由于某些近地小行星（近地天体）的轨道与地球轨道重合，如果这些近地天体的物质组成大部分是普通球粒陨石质的成分，这导致普通球粒陨石降落地球的比例更高。

（1）H 群

这个庞大的群目前有 24960 个成员（有成对重复申报），它的命名是因为自由镍铁含量高，这是该群陨石的特征——“H”代表“高铁”。H 群球粒陨石含有 25%~31% 的总铁，而只有 15%~19% 的镍铁以金属单质形式存在。因此，H 群球粒陨石都很容易被磁铁吸引，即使没有抛光，切面的铁镍金属也会呈现出明亮的金属光泽。铁镍金属均匀地分布在整个陨石中，因此很容易与 L、LL 进行区分。H 群球粒陨石的橄榄石组成范围 Fa15~19。富含铁的橄榄石称为铁橄榄石 Fa（Fe_2SiO_4）和纯镁橄榄石称为镁橄榄石 Fo（Mg_2SiO_4）。大多数橄榄石晶体为铁镁橄榄石混合。H 群普通球粒陨石的橄榄石含有 15%~19% 的 Fa（铁橄榄石），含有 81%~85m 的 Fo（镁橄榄石），这说明 H 群球粒陨石的橄榄石富镁。研究人员通过高精度实验仪器和复杂计算来确定 Fa 和 Fo 的比例，还需要正铁辉石 Fs 的数据来进行化学投图以大致确定普通球粒陨石的化学群。

H 群球粒陨石的岩石学类型 3-7，将 H 群球粒陨石的反射光谱与几个主带小行星的光谱进行比较后，得出 H 群球粒陨石的一个可能的母体——6 号小行星 - 韶神星（Hebe）。

图 7.3 至图 7.8 为几种目击或发现型 H 群普通球粒陨石及其降落发现信息、切面及镜下特征的描述。

图 7.3 a—Aiquile，H5，普通球粒陨石；b—Jilin，H5，1976 年 3 月 8 日目击降落在吉林蛟河，吉林 I 号重 1770kg，是世界最大的石陨石；c—Zhengjiabu，H5，郑家堡陨石，发现于辽宁丹东，重 17kg，1996 年 5 月 6 日发现，2020 年 5 月 23 日获得国际命名

图 7.4 Juancheng，H5，鄄城陨石，1997 年 2 月 15 日目击降落在山东鄄城县，是国际市场流通量较大的中国目击陨石

图 7.5 a—Wuan，H6，1986 年 7 月 31 日目击降落在河北邯郸市武安地区；b—运城，H5，2013 年 6 月 15 日 18 时 45 分降落在山西运城，标本存于北京天文馆

图 7.6 a—NWA 960，H-L-LL3.0，普通球粒陨石，球粒轮廓清晰；b—NWA 5393，H4，普通球粒陨石，球粒轮廓较清晰

图 7.7　a— Changxing，H5，1964 年 10 月 17 日目击降落在上海长兴岛，球粒较清晰，为较典型的 H5 切面；b—Laochenzhen，H5，1987 年 2 月 23 日目击降落在河南省老城镇杨洼村，切片可见基质暗化强烈，但球粒可以辨认，亮白色部位为金属；c—Wuan，H6，切面，球粒轮廓逐渐模糊

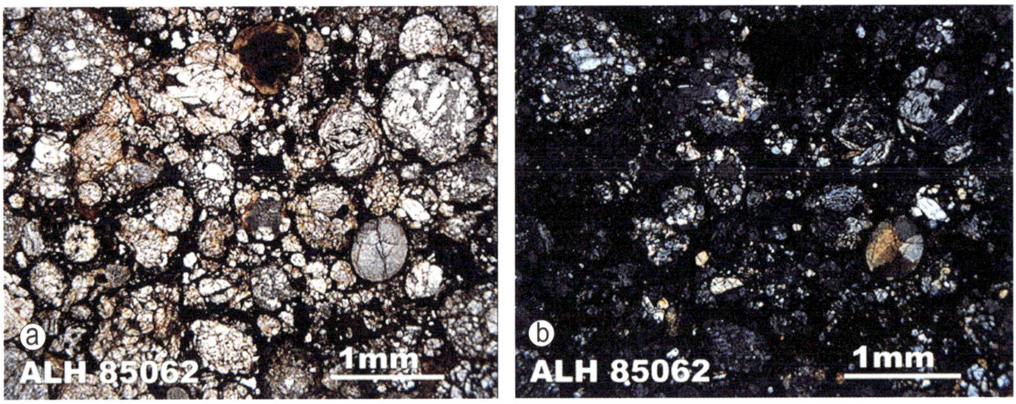

图 7.8　a—回收的南极陨石 ALH 85062，H3，显微照片(－)；b—回收的南极陨石 ALH 85062，显微照片(＋)球粒轮廓清晰，暗色部分为金属和细粒基质，彩色为橄榄石和辉石

（图片来源：https：//www.nasa.gov）

（2）L 群

L 群球粒陨石约有 22000 个成员（包括可能的成对），是第二大普通球粒陨石群。“L”代表“低铁”，L 群球粒陨石含有 20%~25% 的总铁，但只有 1%~10% 的镍铁金属。L 群球粒陨石也能被磁铁吸引，但比 H 群磁性小得多。当观察 L 群球粒陨石的抛光面时，显然与 H 球粒陨石相比金属减少很多。橄榄石的成分 Fa21~25；即铁橄榄石含量

在 21%~25% 之间，在三个普通球粒陨石群中，L 群球粒陨石是最常见到的目击降落种类，约占目击陨石总数的 50%。

L 群球粒陨石的岩石学类型 3−7，L6 型数量最多，L3 最少。除磁铁矿和镍铁外，L 群球粒陨石主要由橄榄石和斜方辉石（紫苏辉石）组成，在一些文献中，它们曾被称为“橄榄紫苏球粒陨石”或“紫苏球粒陨石”，这些名字已经失去实际意义，国际陨石学会已不再使用这些名称。

谈到 L 群球粒陨石的起源时，有人认为它们可能是 433 号小行星爱神星（Eros）的前部分，433 Eros 与 L 群球粒陨石的反射光谱似乎非常吻合。大多数 L 群球粒陨石显示出强烈的冲击变质历史，表明其母体有强烈冲击碰撞的历史，也许 L 群球粒陨石的真正母体是 433 Eros 的前部或与 Eros 相似的一个母体，当它与另一颗小行星相撞时，它完全破碎掉了。图 7.9 至图 7.14 为几种目击或发现型 L 群普通球粒陨石及其降落发现信息、切面及镜下特征描述。

图 7.9 a—Aba Panu，L3，2018 年 4 月 19 日目击降落在尼日利亚；b—Zhaodong，L4，1984 年 10 月 25 日目击降落在黑龙江肇东；c—Bayin Gobi 003，L~6，发现于内蒙古乌拉特后旗

图 7.10 a—Da Qaidam 001，L~6，2015 年 7 月 13 日发现于青海大柴旦，L6 指仅测了磁化率进行了粗略分类； b—Mangui，L6，2018 年 6 月 1 日目击降落在云南勐海县曼桂村一带；c—Hoboksar 001，L6，2018 年 6 月发现于新疆和布克赛尔；d—Hoboksar 001，野外发现照片，与浅色背景形成鲜明对比

图 7.11 a—Chadong，L6，1998 年 9 月 17 日目击降落在湖南茶峒；b—Songyuan，L6，1993 年 8 月 15 日目击降落在吉林松原

图 7.12 a—Wubao 002，LL3，球粒完整清晰；b—Zhaodong，L4，球粒较清晰，自形球粒丰度较 L3 略有降低；c—Mount Tazerzait，L5，球粒逐渐模糊

图 7.13 a—NWA 5507，L3.2，球粒轮廓清晰；b—Dalgety Downs，L4，球粒逐渐模糊，亮白色的金属含量 7.6%；c—Ghubara，L5，球粒逐渐模糊，球粒直径离散度增加；d—Ash Creek，L6，角砾岩化强烈，球粒模糊，白色岩球也是角砾

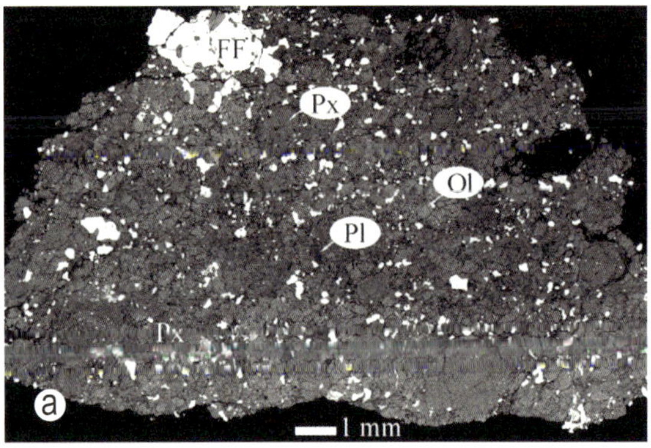

图 7.14 a—西宁 L5 背散射电子图，Pl：斜长石；Px：辉石；Ol：橄榄石；FF：陨硫铁及铁镍金属；b—巴音戈壁 L5 薄片显微照片（+），中间黄色球粒是炉条状橄榄石球粒

（3）LL 群

这个群是普通球粒陨石中最不常见的一类，因为它只有大约 7700 个成员（成对或重复申报）。“LL”代表“低铁”和“低金属”，LL 球粒陨石通常含有 19%~22% 的总铁，但只有 1%~3% 的游离金属。因此，它们对磁铁的吸引力很弱。与 L 群球粒陨石相比，LL 群球粒陨石中的金属确实稀疏，金属铁在 1% 至 3% 之间。全铁的含量为 19%~22%。铁橄榄石含量最高，Fa26~32。

LL 球粒陨石中的橄榄石比其他普通球粒陨石中的橄榄石更富铁，这意味着 LL 球粒陨石可能比 H 或 L 球粒陨石在更加氧化的条件下形成。

科学家们仍在为 LL 群体寻找可能的母体。发现了一颗主带小行星 3628 Boznemcová，它的反射光谱与 LL6 球粒陨石的光谱相似，但这颗小行星直径只有 7km，似乎过小，因此不能被视为 LL 群陨石的母体。图 7.15 至图 7.18 为几种目击或发现型 LL 群普通球粒陨石及其降落发现信息、切面特征的描述。

图 7.15 Hongshijing 002，LL4，发现于新疆红石井，切面球粒轮廓较清晰，基质有微弱暗化

图 7.16　2020 年发现于新疆托克逊的 LL 群普通球粒陨石，初步测试发现其岩石类型十分独特

图 7.17　a—Chelyabinsk，LL5，2013 年 2 月 15 日目击降落在俄罗斯车里雅宾斯克州；b—Bensour，LL6，2002 年 2 月 11 日目击降落在摩洛哥；c—Benares，LL4，1798 年目击降落在印度 Uttar Pradesh；d—Krymka，LL3.2，1946 年目击降落在乌克兰尼古拉耶夫

（图片来源：Austromet）

图 7.18 a—NWA 724，LL3，球粒轮廓清晰，丰度高；b—NWA 2622，LL4，球粒轮廓较清晰，丰度较高；c—Saint Severin，LL6，角砾岩化；d—NWA 7867，LL7，热变质程度较高，球粒消失，角砾岩化，风化等级较高

（4）普通球粒陨石岩石矿物学特征

普通球粒陨石包括 H、L、LL 群球粒陨石，其岩石矿物学特征为：

1）Mg 指标化难熔亲石元素丰度为 ~0.85 × CI；

2）氧同位素组成位于地球分馏线上；

3）非斑状球粒丰度高，富含 FeO 的（II 型）球粒很常见，富铝的球粒稀少；

4）CAIs 及 AOAs 稀少；

5）变质程度的范围大，岩石类型一般为 3—6 型，少数为 3.0—3.1 型，有些有水蚀变痕迹。

用以决定普通球粒陨石群的分类参数有很多，在普通球粒陨石群中观察到的是金属含量及球粒的大小。投出的点位图上铁纹石中钴的含量与橄榄石的 Fa 值对应，H 群与 L 群之间有空隙，但 L 群与 LL 群之间无空隙，对于岩石类型较低的非平衡普通球粒陨石（<3.5），橄榄石的组成是不可靠的指示剂，取而代之的是亲铁元素的丰度，有些球粒陨石，投图点位落在 L 群与 LL 群之间，可能来自单独的母体，故划分为 L/

LL 球粒陨石。根据亲铁元素丰度、橄榄石和铁纹石的组成，少数球粒陨石类型介于 H 群与 L 群之间，命名为 H/L 球粒陨石。

7.3 碳质球粒陨石（CC）

相对于无碳的球粒陨石富碳，故命名为碳质球粒陨石（CC），目前为止已划分 8 个碳质球粒陨石群，即：CI（Ivuna），CM（Mighei），CR（Renazzo），CH（ALH85085），CB（Bencubbin），CV（Vigarano），CK（Karoonda）及 CO（Ornana）碳质球粒陨石群，它们通常是依据降落的典型陨石而命名的，只有 CH 碳质球粒陨群例外，是依据其高的金属丰度和高的铁浓度而命名的。

陨石研究人员开发了一种速记符号，用于识别不同群的碳质球粒陨石。例如，在 CV3 碳质球粒陨石中："C" 代表碳质球粒陨石类，V 代表 Vigarano 群，3 代表岩石类型。碳质球粒陨石已有 8 个群，当然也会有未分组的陨石（ungrouped meteorite），这些陨石不适用任何已建立的族群。某些未分组的标本是十分独特的，如我国陕西宁强碳质球粒陨石，于 1983 年 6 月 25 日晚 7 时降落在陕西省宁强县燕子砭乡，这是我国首次回收到碳质球粒陨石。这种陨石是极其原始的陨石，含有太阳星云塌缩、凝聚，形成行星状天体的重要信息，甚至还保存有太阳系原始物质来源的记录。宁强陨石当年一共寻找到 4 块，其中最大的一块陨石落在潘家坝村安家山，其他三块分别降落在潘家坝村张家合、青岗坪村院子坝和中心村姚家巷。收集到的样品总质量为 4.6kg。宁强陨石有 0.1~0.3mm 厚的褐黑色熔壳，熔壳有粗糙感，硬度低且易碎，新鲜断面呈灰黑色，基质较细，球粒的直径一般为 0.5~2.0mm，最大可达 10mm，矿物成分为：橄榄石、顽火辉石、普通辉石、陨硫铁、镍黄铁矿、铁纹石、镍纹石、磁铁矿、尖晶石、黄长石、磷钙石、方解石、白云石等。

宁强碳质球粒陨石，先后被归类为 CV3（1987 年）、CK3（2000 年）、C3-ung（2006 年），现在国际陨石公报推荐的化学类型为 C3-ung；宁强碳质球粒陨石先后被中国科学院广州地球化学研究所、贵阳地球化学研究所；加利福尼亚大学等科研院所进行详细研究。尽管对该陨石的研究比较深入，但宁强碳质球粒陨石仍然存在着较高的科研价值，也是中国陨石爱好者向往的收藏品（图 7.19）。

另一块比较知名的未分组碳质球粒陨石，是 2000 年 1 月 18 日在加拿大育空地区降落的，称为塔吉什湖陨石（Tagish Lake）。这块陨石的化学类型介于 CI 球粒陨石和 CM 球粒陨石之间，过去曾划分单独的类型 CI2，现在划分为 C2-ung（图 7.20）；2020 年 8 月 25 日在摩洛哥目击降落的碳质球粒陨石 Tarda 也被归类为 C2-ung（图 7.21）。

图 7.19　Ningqiang，C3-ung，宁强碳质球粒陨石

图 7.20　Tagish Lake，C2-ung，碳质球粒陨石

图 7.21　Tarda，C2-ung，2020 年 8 月 25 日目击降落在摩洛哥的碳质球粒陨石

有些碳质球粒陨石实际上是贫碳的。事实上，富碳不是这类陨石的主要特征，镁、钙和铝等与硅的比值比普通的球粒陨石的要高才是碳质球粒陨石的主要特征。一些较原始的碳质球粒陨石含有碳酸盐和复杂的有机物，如氨基酸等涉及生命起源的物质，

具有重要研究意义。碳质球粒陨石的各个陨石群特征如下。

（1）CI 碳质球粒陨石

CI 碳质球粒陨石的名称来源是 Ivuna，1938 年 12 月 16 日降落在坦桑尼亚（Tanzania）的伊万那镇（Ivuna）。Ivuna 陨石的岩石学类型为 1。基质为细粒且不透明，碳含量为 3%~5%，自由水含量为 18%~22%；这三条标准是划分这类陨石岩石学类型为 1 的指标，这类陨石最明显的标志是它们的球粒含量极低，小于 1%。CI 碳质球粒陨石在化学组成上与太阳光球层（除去挥发分）组成极其相似，是目前发现的最为原始的球粒陨石，其矿物学和岩石学特征被广泛发育且多期次的水蚀变掩盖，基本丧失原始特征，水蚀变导致黑色的基质主要由水合层状硅酸盐、橄榄石和磁铁矿等组成。已知的 CI 碳质球粒陨石多为表土角砾岩，由不同类型含水岩屑组成，岩屑主要由细粒富层状硅酸盐基质构成，基本没有球粒和 CAIs（富钙铝难熔包体），但有少量独立存在的橄榄石和辉石矿物颗粒。一般认为 CI 碳质球粒陨石没有经历高于 150℃以上的高温，表明它们凝聚在外太阳星云中较冷的部分。CI 碳质球粒陨石内含有机形式的氨基酸和多环芳烃，对研究生命的起源具有重要意义。

Orgueil 陨石有 20 个以上的个体，总质量达到 14kg，也被定为 CI1，关于生命的起源研究，多数来源于这种陨石。图 7.22 为 Ivuna 和 Orgueil 碳质球粒陨石。

CI 群碳质球粒陨石只有 9 个成员，大多数为目击降落，易风化破碎，难以保存。碳质球粒陨石遵循普通球粒陨石的岩石－化学分类方案。有些碳质球粒陨石并没有经历热变质事件，但它们经历过多期次不同程度的水蚀变。

图 7.22 a—Ivuna，CI1 碳质球粒陨石；b—Orgueil，CI1 碳质球粒陨石

（图片来源：Smith Sonian；Peter Marmet）

（2）CM 碳质球粒陨石

类型标本是 Mighei，1889 年降落在乌克兰（Ukraine）的尼科拉耶夫（Nikolayev），发现总质量 8kg。Mighei 是 CM 陨石原型标本，具有约占体积 20% 的球粒，球粒的平均直径为 0.3mm。球粒和其他难熔物质分布于细粒黑色且不透明的基质中，基质的主要成分类似于地球黏土中的水合层状硅酸盐，存在水蚀变特征。

另一个比较著名的 CM 陨石当属 Murchison，于 1969 年 9 月 28 日降落，超过 700 个碎块坠落在澳大利亚维多利亚州默奇森镇，有的落在院子里；有的落在屋顶和街道上，总发现量超过 100kg。有些甚至摸起来还温暖，有的个体存在漂亮的熔流线，还有一些个体呈现强烈定向的盾形。Murchison 含有 20.44%~22.13% 的全铁，金属颗粒（铁纹石）和硫化铁（陨硫铁）出现在橄榄石集合体中或基质中，约占总质量的 4%~11%。Murchison 最令人震惊的就是在它的内部发现氨基酸等有机物，研究人员在 Murchison 陨石中发现了超过 230 种不同的氨基酸，一些氨基酸被发现显示出奇怪的同位素特征，这可能表明它们并不起源于我们所在的太阳系，这些氨基酸被认为代表了 45 亿年前被包裹在这颗陨石中的其他星系或星云中的星际物质。反射光谱研究比较表明 Murchison 陨石的谱线与 19 号小行星命神星（Fortuna）、1 号小行星谷神星（Ceres）具有关联性。

CM 球粒陨石岩石类型为 2 型，是碳质球粒陨石中球粒开始出现的类型，球粒形状良好，呈星点状稀疏地分布在不透明的基质中。橄榄石在细粒基质中和球粒中都广泛分布。CM 碳质球粒陨石以总体化学和氧同位素特征与其他碳质球粒陨石相区别，其主要矿物岩石学特征为：

1）斑状球粒约占 30vol%，球粒直径较小（平均直径 0.3mm），球粒为贫 FeO 的 I 型球粒，部分被层状硅酸盐所取代；

2）环绕球粒有细粒矿物边；

3）经历过多期次水蚀变作用；

4）几乎没有铁镍金属；

5）有 CAIs 和 AOAs；

6）基质丰度高（约占 70vol%），基质主要由层状硅酸盐、羟镁硫铁矿、碳酸盐、硫化物及磁铁矿组成。

图 7.23 至图 7.25 为几个较有代表性的 CM 碳质球粒陨石及薄片显微照片。

图 7.23 a—Mighei，CM2 类型标本；b—Jbilet Winselwan，CM2，碳质球粒陨石新鲜熔壳；c—Murchison，CM2 碳质球粒陨石断面

图 7.24 Aguas Zarcas，CM2，碳质球粒陨石，2019 年 4 月 23 日目击降落在哥斯达黎加

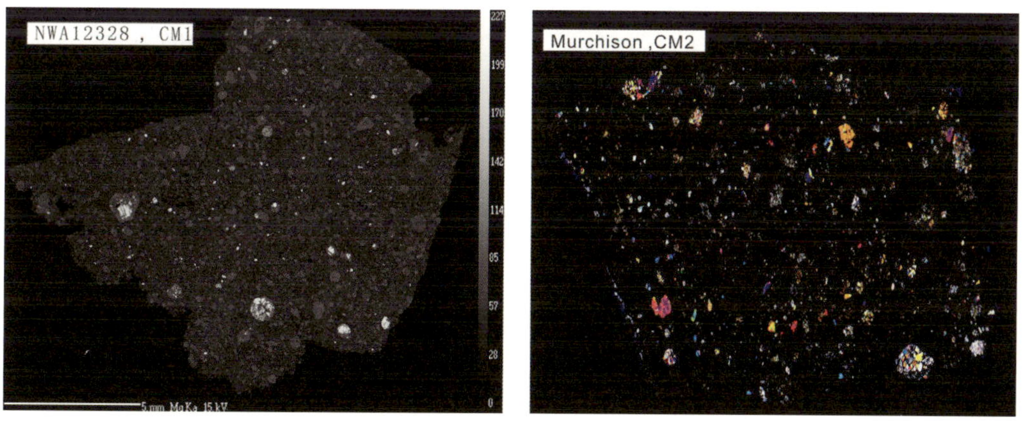

图 7.25 a—NWA 12328，CM1，碳质球粒陨石 BSE 图，灰白色部分为橄榄石，灰色部分为球粒和基质；b—Murchison，CM2，碳质球粒陨石薄片显微照片（+），彩色斑晶为橄榄石和辉石，基质为黑色，不透明

（3）CO 碳质球粒陨石

像大多数碳质球粒陨石成员一样，这组碳质球粒陨石是以类型标本命名的，其类型标本为 1868 年降落在法国的 Ornans 碳质球粒陨石，图 7.26 为 Ornans 陨石及非洲发现的几种 CO 碳质球粒陨石，Ornans 碳质球粒陨石的物理和化学特征与 CV 和 CK 碳质球粒陨石关联性较强，它们一起构成一个独特的陨石族。CV 碳质球粒陨石和 CO 碳质球粒陨石之间最主要的区别是它们球粒的大小和比例，CV 的球粒平均直径约为 1mm，大球粒约占陨石体积的 30%；而 CO 球粒陨石通常由直径小于 0.2mm 的微小球粒组成，微球粒密集地分布在基质中，它们可以占陨石体积的 70% 以上。CO、CV 碳质球粒陨石基质中都含有约 15% 的钙铝难熔包体（CAIs），与 CV 球粒陨石相比，CO 碳质球粒陨石的钙铝难熔包体通常更小且更稀疏地分布在基质中。CO 群碳质球粒陨石可能比 CV 群碳质球粒陨石在更加还原条件下形成。

图 7.26　a—Ornans，CO 类型名称的来源，1868 年降落在法国；b—摩洛哥发现的 CO3 碳质球粒陨石；c、d—新发现的 CO3 碳质球粒陨石

2017 年 5 月 12 日，在我国新疆的鄯善地区发现了中国第一块发现型碳质球粒陨石 Shanshan002（图 7.27），该陨石被新疆陨石猎人天火（网名）发现，起初并未得到重视，同伴甚至认为这块岩石并非陨石，一年后，天火将其切割并送样至中国科学院贵阳地球化学研究所，经测试研究确认这块岩石为碳质球粒陨石 CO3，并且于 2019 年 2 月

16 日成功获得国际命名。Shanshan002 陨石整体呈球形，有定向特征，保留有卷边、熔流线等特征；一面覆盖较新鲜的熔壳，该陨石的发现，实现了我国碳质球粒陨石发现的突破，具有里程碑式的意义。

图 7.27 Shanshan 002，CO3，2017 年 5 月 12 日在我国新疆发现，是我国首个发现型碳质球粒陨石

CO 群碳质球粒陨石矿物岩石学特征包括：

1）含有 30%~45%，直径较小的（约 0.15mm）圆形球粒；

2）镁质球粒比例较高，富含 FeO 的球粒（II 型球粒）也较普遍；

3）CAIs 和 AOAs 含量约 10%；

4）基质含量 30%~45%；

5）岩石类型为 3.0~3.7，类似 3 型普通球粒陨石；

6）球粒及 CAIs 中有次生蚀变矿物（即含铁橄榄石、钙铁辉石、钙铁榴石及钛铁矿、石霞石 、方钠石等），无层状硅酸盐，图 7.28 为 Shanshan 002、NWA 12859、NWA 12306 三种 CO 陨石的切面及特征描述。

图 7.28 a—Shanshan 002，CO3，切片微距照片，可见清晰的球粒和颜色稍暗的基质；b—NWA 12895，CO3，切片微距照片，球粒轮廓清晰，基质颜色较暗，风化等级稍高；c—NWA 12306，CO3，切片微距照片，细小的白色球粒轮廓清晰，基质为灰绿色

（4）CR 碳质球粒陨石

CR 碳质球粒陨石是一个相对较新的化学群，以 1824 年落入意大利的 Renazzo 陨石命名。20 世纪 80 年代以前，它不被认为是一个新的化学群，直到科学家们在南极、陨石猎人在撒哈拉沙漠找回了很多类似的标本才确立了这个新的化学群。Renazzo 最初被归类为“II 型”CM2 球粒陨石，20 世纪 90 年代才确认并成为 CR 碳质球粒陨石的类型标本。

CR 碳质球粒陨石含有水合层状硅酸盐、磁铁矿并有水蚀变痕迹，相比于 CM 碳质球粒陨石，CR 碳质球粒陨石中含有约占体积 50% 的球粒，黑色基质中含有约 10% 的铁镍金属、硫化铁等金属。母体可能为 2 号小行星帕拉斯（Pallas）。有研究认为 CH、CB 陨石与 CR 碳质球粒陨石可能来自同一母体，或至少来源于太阳星云的同一区域。

CR 碳质球粒陨石与大多数碳质球粒陨石的不同之处在于它们通常含有与球粒相伴生的大量金属，在球粒边缘形成金属边，国内陨石爱好者形象地称之为装甲球粒。图 7.29 为 Gao-Guenie 和 NWA 801 两种 CR 碳质球粒陨石切面。CR 碳质球粒陨石的球粒平均直径约 0.7mm，完整与破碎的球粒一起占整个陨石体积的 50%。多数 CR 碳质球粒陨石岩石学类型都是 2 型，也表明这些陨石确实经历过水蚀变。

图 7.29 a—Gao-Guenie，CR，切面，球粒平均直径较大，丰度高，球粒具有金属边；b—NWA 801，CR，球粒具有金属边，有单独存在的金属球

（图片来源：Eric Twelker）

CR 碳质球粒陨石岩石学特征：

1）富 Fe、Ni 金属（约 5%~10vol%）、I 型球粒，并为多层粗粒火成边所环绕，橄榄石和低钙辉石的 FeO 含量低（Fa 值 0~4；Fs 值 0~5）；

2）球粒橄榄石中 Cr_2O_3 含量高（约 0.5%）；

3）大量含水矿物组成的基质，有类似基质的碎屑或暗包体；

4）Fe、Ni 金属含量稍高，且 Ni、Co 正相关，具太阳的 Ni/Co 值；

5）CAIs 及 AOAs 丰度低；

6）CAIs 及 AOAs 富含 ^{16}O 同位素；

7）全岩难熔亲石元素丰度接近于太阳；

8）全岩氧同位素组成形成独特的混合线；

9）$\delta^{15}N$ 正异常，大多数的岩石类型为 2.0，含大量层状硅酸盐、碳酸盐、磁铁矿和硫化物等。

图 7.30 为 NWA6957（CR2）碳质球粒陨石切面及显微照片。

图 7.30 a—NWA 6957（CR2）碳质球粒陨石；b—NWA 6957（CR2）显微照片（+）

（5）CH 碳质球粒陨石

CH 碳质球粒陨石是一个例外，因为它的名字不是来源于一个特定的标本，而是因为这些陨石的一个典型特性。“H”代表“高金属”，第一颗 CH 陨石是在南极 Allan Hills 发现的，命名为 ALH 85085，是 CH 群的类型标本。若按一般命名规则，称为“CA 群”会更好，因为它保留了其他碳质球粒陨石已建立的命名规则。然而，“CH”这个称谓已经建立起来了，仅为了遵守严格的命名规则而改变这个词可能会引起更多的混乱。

CH 群碳质球粒陨石是一种较罕见的碳质球粒陨石，岩石化学特征非常接近 CR 和 CB 碳质球粒群。CH 碳质球粒陨石中含有高达其总体积 20% 的 Fe、Ni 金属。化学组成与 CR/CB 碳质球粒陨石相似，它们的基质含有许多细小并破碎的球粒，这些球粒直径约 0.02mm；约占陨石总体积的 70%，CAIs 较少。像 CR 群碳质球粒陨石一样，CH 群碳质球粒陨石也含有少量的层状硅酸盐，并有水蚀变特征。图 7.31 和图 7.32 为 Isheyevo、Sau 290、Los Vientos 200 三种陨石个体及切面特征描述。有理论认为，CH 群碳质球粒陨石起初形成于太阳星云最炽热的内部，位置可能是现在水星的轨道所处的位置，然后传输到星云外侧较冷的部分。水星也可能有类似的金属组成，这可以合理地解释水星较高的密度和超大金属核的成因。CH 群陨石中的一些样品可含有高达总体积 60%~70% 的金属，使得 CH 碳质球粒陨石成为已发现的碳质球粒陨石中金属含量最高的。一些科研工作者将 CH 碳质球粒陨石与富含金属的 CB 群组合在一起进行研究。CB 群类型标本 Bencubbin 最初被归类为 CH 球粒陨石；著名的 HaH 237，现在归类为 CB_{3b}。

CH 碳质球粒陨石的主要组分包括细粒的富层状硅酸盐基质、大量矿物和多矿物硅酸盐碎片集合体、球粒碎片、小球粒、金属及细粒暗色包体。图 7.33 为南极陨石 PCA 91452 显微照片。

矿物岩石学特征：

1）Fe、Ni 金属含量稍高，Ni/Co 值有正相关趋势，并具太阳的 Ni/Co 值；

2）球粒和 CAIs 粒度较小（Acfer182 CH 球粒陨石的平均直径约为 0.02mm，CAIs 为约 0.09mm）；

3）球粒主要是隐晶质球粒；

4）球粒橄榄石中 Cr_2O_3 含量高（约 0.5%）；

图 7.31 a、b—Isheyevo，CH/CBb，碳质球粒陨石及切片，亮白色为金属，灰黑色圆球为硅酸盐球粒；c、d—Sau 290，CH3，碳质球粒陨石个体及切片，可见细小金属球粒，基质硅酸盐有冲击暗化特征，颜色较暗的部分含有冲击熔脉

图 7.32 a—Los Vientos 200，CH3；b—Sau 290，CH3，陨石个体；c—Sau 290，CH3，切片，亮白色金属球粒，含有似层状的冲击脉

（图片来源：Michael Warner）

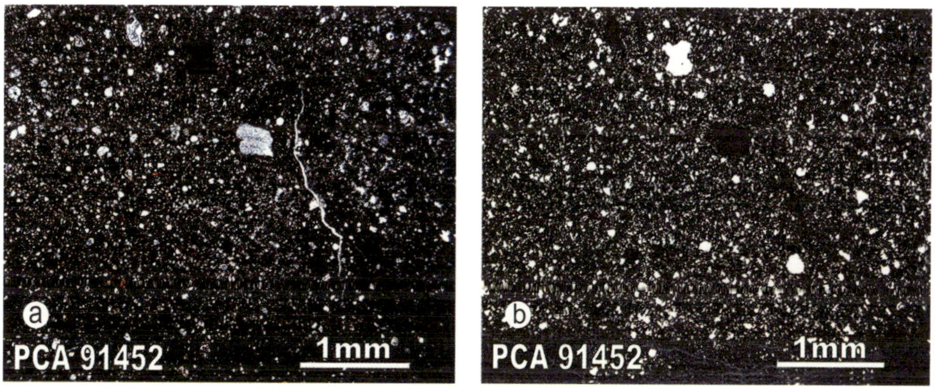

图 7.33 a—回收的南极陨石 PCA 91452 显微照片（+）；b—PCA 91452 显微照片（反射光），亮白色的为金属球，黑色为硅酸盐基质

（图片来源：https：//www.nasa.gov）

5）基质缺失或出现含水矿物的碎屑，其矿物学特征类似 CB 碳质球粒陨石；

6）难熔亲石元素丰度近于太阳；

7）挥发性、中等挥发性元素亏损；

8）全岩氧同位素组成沿 CR 混合线分布；

9）$\delta^{15}N$ 正异常；

10）具独特的亚太阳稀有气体。

（6）CB 碳质球粒陨石

CB 群碳质球粒陨石以 1930 年在澳大利亚发现的类型标本 Bencubbin 命名。这是一种奇怪的陨石，含有超过50%的镍铁。如果考虑到这一点，它们很容易被认为是中铁陨石，但它们的独特的矿物学和化学组成依然坚定地把它们归入了碳质球粒陨石的家族。CB 群陨石除了游离金属外，它们还含有高度还原的硅酸盐，以及类似于 CR 群的装甲球粒。CB 群的一些样品也含有 CAIs，

CB 群和 CH 群球粒陨石之间存在着密切的关系，它们都是 CR 陨石族的成员。CR 族的所有成员可能是在不同的条件下形成于原始太阳星云的同一区域，也有可能它们代表同一母体的不同部位。反射光谱研究表明太阳系第二大小行星帕拉斯与 CR 族陨石有很强的关联性，至少 CR 族陨石的反射光谱似乎与帕拉斯的光谱非常匹配，这表明 CR 族陨石可能是通过撞击事件从小行星帕拉斯上分离的。但 CR 群陨石并没有太多的撞击特征，例如角砾岩化、冲击脉等，因此它们也可能来自于不容易识别的更小的母体。

CB 群陨石在结构上通常包含大的金属球粒；直径 1.5~8mm，还含有厘米级的大量金属球粒和辉石集合体；60% 的球粒是金属。大金属球含有不定量的陨硫铁（FeS），隐晶硅酸盐球体和富含稀有金属的橄榄石。所有 CB 碳质球粒陨石都表现出一些熔融的特征，推测其可能起源于撞击事件。

CB 碳质球粒陨石矿物岩石学特征为：

1）异常高的金属 / 硅酸盐比值；

2）中等挥发性元素严重亏损；

3）富 $\delta^{15}N$ 同位素；

4）氧同位素组成近于 CR 球粒陨石；

5）难熔亲石元素丰度为（1.1~1.5）×CI；

6）Fe、Ni 金属中 Ni-Co 正相关，并具太阳的 Ni/Co 值；

7）全岩富镁（Fa ≤ 4，Fs ≤ 4）；

8）球粒橄榄石中 Cr_2O_3 含量高（约 0.5%）；

9）CAIs 稀少，$\delta^{16}O$ 亏损；

10）无细粒基质物质，含水岩屑、碎屑稀少。

此外，根据金属丰度、CAIs 丰度、球粒的大小、FeNi 金属的组成范围、氮同位素组成，将 CB 碳质球粒陨石进一步划分为 CBa 和 CBb。

CBa 含有约 60vol% 的金属，厘米级大小的球粒，CAIs 很少；FeNi 金属中 Ni 含量为 5%~8%，$\delta^{15}N$ 可达约 1000‰。

CBb 含有约 70% 的金属，毫米级大小的球粒；FeNi 金属中 Ni 含量为 4%~15%；CAIs 普遍；$\delta^{15}N$ 可达约 200‰。

图 7.34，图 7.35 为两种极具代表性的 CB 碳质球粒陨石。

图 7.34 Gujiba，CBa，碳质球粒陨石个体及切片（厘米级的金属球粒）

图 7.35 Bencubbin，CBa，碳质球粒陨石，1930 年在澳大利亚发现，是 CB 群碳质球粒陨石的类型标本

（7）CV 球粒陨石

CV 群碳质球粒陨石以 1910 年降落在意大利的 Vigarano 陨石命名。

大多数 CV 球粒陨石岩石学类型为 3，CV 碳质球粒陨石的结构和矿物组成更接近于普通球粒陨石，通常含有被硫化铁包围的富镁橄榄石构成的大球粒。这些大球粒轮廓十分清晰，基质呈深灰色，以富铁橄榄石为主。这类陨石中还含有白色不规则的、大小不等的包体，通常占陨石体积的 5%~10%，这些包体是被称为 CAIs（钙铝难熔包体）的高温矿物，CAIs 主要由硅酸盐和钙、铝和钛的氧化物组成。

CV 球粒陨石曾一度是最稀有的碳质球粒陨石。然而，在 1969 年 2 月 8 日晚上降落，次日凌晨 1 点 05 分即有多于 2000kg 的 CV3.2 碳质球粒在墨西哥的奇瓦瓦被找到，因靠近 Allende 镇被命名为 Allende。虽然有很多目击陨石降落的记录，但这次陨石降落仍然是有史以来规模较大的目击陨石降落之一。Allende 的降落使得世界各大科研机构有很多的 CV 碳质球粒陨石可用于研究。Allende 的熔壳是深灰色的，内部是颜色为较浅的中灰色，拥有碳质球粒陨石群中最大的陨石球粒，目前发现的最大球粒直径为 25mm。相比之下，CO 群的陨石球粒非常小，平均约 0.15mm。CV 陨石球粒的丰度平均在 35%~45% 之间。今天，Allende 是研究最多的 CV 碳质球粒陨石，已经发表了 2000 多篇研究论文。图 7.36 和图 7.37 为 Allende、西北非及美国的 Axtell 等 CV 碳质球粒陨石个体和切面。

CV 球粒陨石中特征性的 CAIs 在著名的 Allende 陨石中得到了深入的研究。Allende 的 CAIs 中含有细粒的纳米级金刚石，这些金刚石显示出独特的同位素特征，表明它们可能来自太阳系之外。可能是比地球和太阳还要古老的前太阳颗粒，极有可能是太阳系附近一颗超新星爆发的产物。这种超新星爆发的产物一直保留在 CAIs 内，也一并被保存在 CV 群和其他碳质球粒陨石中。

CV 群的球粒陨石又分为三个亚群。模式样品 Vigarano 和其他一些陨石属于 $CV3_R$ 还原亚群，与其他两个氧化亚群相比，这些 CV 显示出更高的球粒丰度、更多的金属和较少的磁铁矿；其中一个被氧化的亚群以 Allende 陨石命名为 $CV3_{OxA}$。这一亚群的陨石中含有的矿物，如钙铁榴石、钙铝榴石、钙铁橄榄石、霞石等，这些矿物是在其他 CV 亚群中找不到的。另一个氧化亚群以 Bali 陨石命名为 $CV3_{OxB}$，该亚群的成员代表氧化程度最高的 CV，并显示出水蚀变的痕迹以及在其他两个亚群中未曾发现的层状硅酸盐矿物。图 7.38 为 Allende 陨石薄片显微照片。

CV 球粒陨石的矿物岩石学特征为：

1）具毫米级大小的球粒，主要是斑状结构的球粒，大多数富镁，约一半的球粒有粗粒的火成边；

2）基质 / 球粒比值高（0.5~1.2）；

3）基质中有大量次透辉石 ± 钙铁辉石 ± 钙铁榴石矿瘤或岩球；

4）毫米 – 厘米级的 CAIs 和 AOAs 丰度高；

5）产出有黄长石 + 尖晶石 + 辉石 + 钙长石（类型 B）富钙铝难熔包体（CAIs）。

图 7.36 a—NWA 1465， CV3-an，异常型 CV 碳质球粒陨石；b—Allende，CV3.2，1969 年 2 月 8 日降落在墨西哥，是国际市场广受欢迎的 CV 球粒陨石，白色团块为 CAIs；c—NWA 11904，CV3，熔壳隐晶质表层基本脱落，可见部分残留熔壳和收缩裂隙，内部球粒逐渐显露；d—NWA 5508，CV3，球粒清晰，丰度大，基质暗黑色，CAIs 较少

图 7.37 a—Allende，CV3.2，方形个体，收缩裂隙发育；b—Allende，CV3.2， 切片（右下角白色云雾状团块为富含钙铝的难熔包体）；c—Axtell，CV3，切片；d—NWA 11387，CV3，切片

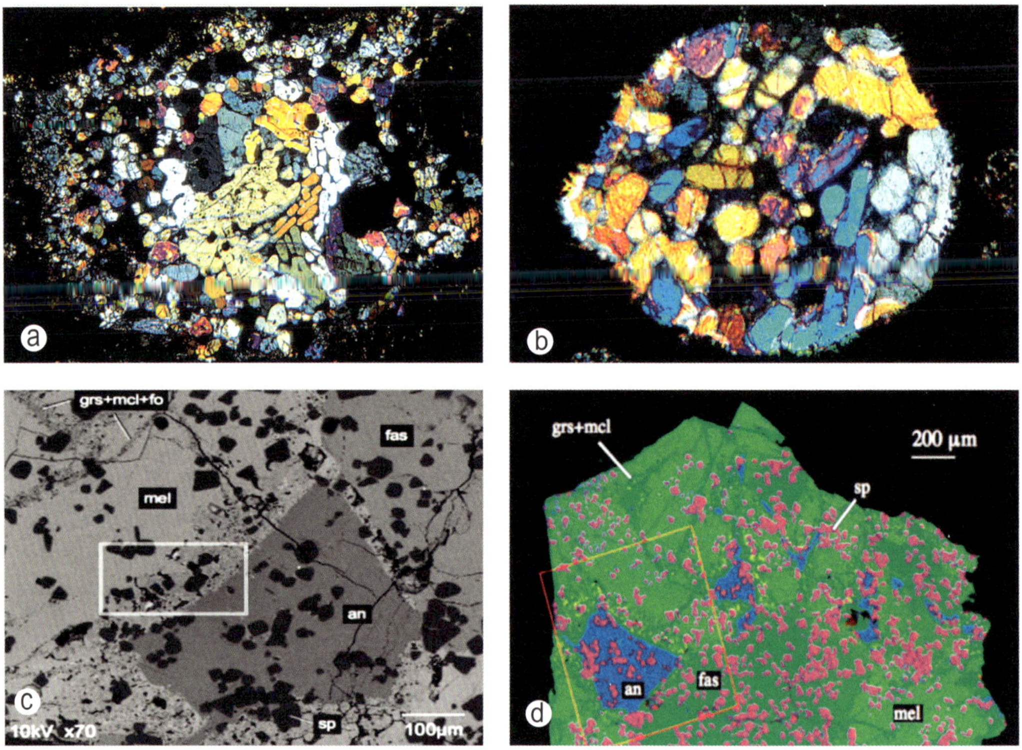

图 7.38 a、b—Allende，CV3.2，碳质球粒陨石，薄片中球粒的显微照片（+），黑色部分为基质，色彩斑斓的球粒主要组成为橄榄石和辉石；c—Allende，CV3.2，难熔包体的背散射电子图；d—Allende，CV3.2，难熔包体 X 射线能谱图

（8）CK 碳质球粒陨石

于 1930 年在南澳大利亚降落的 Karoonda 陨石（图 7.39）是 CK 群原型标本，最初，CK 群陨石被认为是 CV 群，被归类为 CV4-5。随着深入研究发现它们在岩石、化学特征及同位素组成方面与其他碳质球粒陨石有很大的不同，于是类似的陨石被赋予了属于它们的新群。

大多数 CK 群都是高度平衡的，具有 4-6 的岩石学类型，其中 5 型约占 75%。它们可能是唯一在碳质球粒陨石中岩石学类型超出 3 的。切割和抛光的标本显示黑暗且无光泽的内部，这种特征称为硅酸盐暗化，暗化用放大镜或显微镜难以区分。硅酸盐暗化是所有 CK 球粒陨石都有的特点，暗化成因是细粒磁铁矿和镍黄铁矿（镍铁硫化物）淋滤到富含铁的橄榄石和辉石组成的深色硅酸盐基质中的结果，基质中没有金属颗粒与磁铁矿、陨硫铁、含铁硅酸岩共存，所有这些特征都表明它们是在氧化条件下形成的，但它们没有显示出强烈水蚀变痕迹或存在层状硅酸盐矿物。元素丰度和氧同位素特征表明，CK 球粒陨石与 CO 和 CV 群的球粒陨石密切相关，它们属于同一家族。CK 球粒陨石组成介于 CO 和 CV 群之间；从球粒的大小可以看出，CK 球粒的尺寸介于 CV 和 CO 球粒之间。多数 CK 球粒陨石含有大的 CAIs。此外，一些 CK 陨石上有冲击熔脉，表明它们的母体有剧烈撞击或碰撞的历史。目前还没有确认与 CK 碳质球粒陨石光谱特征相匹配的小行星母体。图 7.40 和图 7.41 为产自非洲和澳大利亚的 Maralinga 等几种 CK 碳质球粒陨石。

CK 碳质球粒陨石球粒约占 45%，每个球粒平均直径约 1.0mm。

CK 球粒陨石与 CO 和 CV 球粒陨石相似，但化学特征的显著差异可以将它们区分开来。

大多数 CK 球粒陨石具高的岩石类型（一般为 4~6 型），其主要特征：

1）基质的丰度较高；

2）含有大尺寸斑状球粒（0.7~1.0mm ），球粒很少有火成边；

3）氧化程度高，橄榄石的 Fa 值 29~33，NiO 含量 0.5%，CaO 含量 <0.1；辉石有低钙辉石（Fs24~28 ）、钙辉石（Fs8~12）；几乎没有 Fe、Ni 金属，硫化物中镍含量高并与磁铁矿共生，通常具有含钛铁矿和尖晶石的出溶层纹，硫化物、碲化物和砷化物仅含有少量铂族元素；

4）CAIs 及 AOAs 稀少；

5）斜长石组成变化大（钙长石 An45~78）；

6）总的氧同位素组成落在 CO 及 CV 球粒陨石区内；

7）难熔亲石元素丰度（约 1.2×CI）介于 CV 及 CO 球粒陨石之间；

8）相对于 CV 及 CO 球粒陨石，中等挥发性元素亏损。我国宁强陨石为 C3-ung，即：C3- 未分群的碳质球粒陨石；

9）CK 群有 CV、CO 球粒陨石岩石学、氧同位素及热释光的特征。

图 7.42 为南极回收的 EET16006，CK5 碳质球粒陨石标本及薄片显微照片。

图 7.39 Karoonda，CK4，1930 年目击降落在南澳大利亚，灰黑色基质，硅酸盐暗化特征明显

图 7.40 新发现的碳质球粒陨石 CK 群（已测试归类），熔壳及收缩裂隙显著，断面可见完整的圆形球粒及暗化的硅酸盐基质

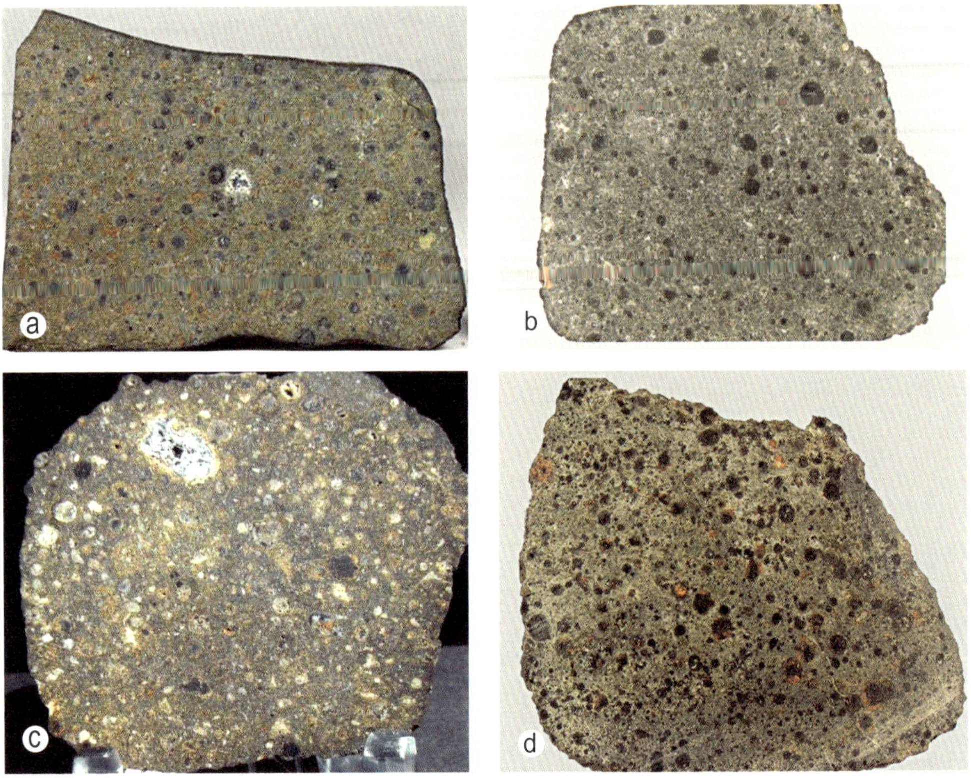

图 7.41 a—NWA 5237（CK5）；b—Dar al Gani 412（CK5）； c—NWA 4964（CK3）； d—Maralinga（CK4–an）

图 7.42 回收的南极陨石 EET 16006，CK5，碳质球粒陨石标本及薄片显微照片（–）

7.4 顽火辉石球粒陨石（E）

E 群球粒陨石以其主要矿物顽火辉石命名，在许多方面与普通球粒陨石和碳质球粒陨石有着很大的不同。E 群球粒陨石是在极度还原的环境中形成的，因为几乎所有的 E 群球粒陨石中的铁都是以金属单质或硫化物的形式存在的，即使是在辉石中，铁元素也几乎被消耗殆尽，因此，E 群球粒陨石中辉石主要为富镁端元的顽火辉石和含铁低于 1% 的正铁辉石。在考虑了非洲和南极洲发现的陨石中所有可能的配对后，目前已经确定了大约 600 种不同的 E 球粒陨石。图 7.43 为中国新疆发现的八墙子和西北非 13632 两种 E 群球粒陨石个体及切面。

图 7.43 a—Baqiangzi，EL7，2012 年发现于中国新疆八墙子，是目前世界仅有的 2 块 EL7 陨石之一；b—Baqiangzi，EL7，切面可见亮白色金属及灰绿色硅酸盐基质，未见完整球粒；c、d—NWA 13632，EH6，该陨石可见多条平行产出的裂隙和一条线状金属脉，其构造成因及指示意义有待进一步研究，切面可见约 50% 的亮白色金属及黑色硅酸盐基质，有残留球粒存在。

与普通球粒陨石相似，E 球粒陨石根据其总铁含量进一步细分为 EL 群和 EH 群；EL 群成员的铁含量低于 EH 群，EH 球粒陨石具有约 30% 的全铁和较多的金属；EL 球粒陨石含有约 25% 的全铁和较少金属。此外，两个群岩石矿物学特征有所不同，EL 球粒陨石显示岩石学类型 3 到 7，在平衡类型 6 处有一个明显的峰值，即：EL6 数量明显偏多。EH 群陨石也表现出从 3 到 7 的岩石学类型，在非平衡类型 3、4 有弱峰值。EH3，EH4 和 EL6 三种类型数量占有优势，整体表现出 EH 群岩石学类型稍低的特征。图 7.44 为 NWA 12308，Itqiy、中国清镇 E 球粒陨石目击、发现信息和切面特征描述。

图 7.44 a—NWA 12308，EL3，球粒清晰，丰度高，也含有破碎的球粒，金属含量偏低；b—Qingzhen，EH3，1976 年 9 月 13 日目击降落在贵州清镇，球粒清晰，丰度大；c—Itqiy，EH7–an，1990 年发现于西撒哈拉，该陨石岩石类型达到 7 型，重结晶导致结构与粗粒岩浆岩接近

尽管 EL 群和 EH 群存在差异，大多数研究人员仍然认为这两个群起源于同一颗小行星，二者的差异很可能代表了它们母体的不同层位。一些科学家认为，我们应该在金星甚至水星的轨道内寻找这颗小行星，因为 E 球粒陨石是在高度还原的条件下形成的。另一些研究人员则认为，在早期的太阳系中，小行星带内部的环境也可以为小行星形成提供同样苛刻的条件。研究人员通过对不同小行星的反射光谱与 Abee，EH4 球粒陨石的光谱对比表明，主带 16 号小行星 Psyche 可能是 E 球粒陨石的母体。

粗略判断 EL 和 EH 球粒陨石之间差异的方法是在薄片上观察它们的球粒的大小和形状。以非平衡岩石类型 3 为例；EL3 的球粒是轮廓清晰的，平均直径约 0.55mm。EH3 球粒轮廓不十分清晰，平均直径约 2mm。图 7.45 为南极回收的陨石 SZA12444，EH4 显微照片。

E 群球粒陨石岩石矿物学特征为；

1）矿物组成包括很多在极度还原条件下才能形成的矿物，即：陨硫铬铁矿（$FeCr_2S_4$）、陨硫钙石（CaS）、陨硅铁镍石（Ni，Fe）x（Si，P）、陨硫镁铁锰石（Mg，Fe，Mn）S、陨氯钛石（TiN）、硫锰矿（Mn，Fe）S、富硅铁纹石，硫钠铬矿（$NaCrS_2$）等；

2）氧同位素组沿地球分馏线分布，并接近于地球和月球；

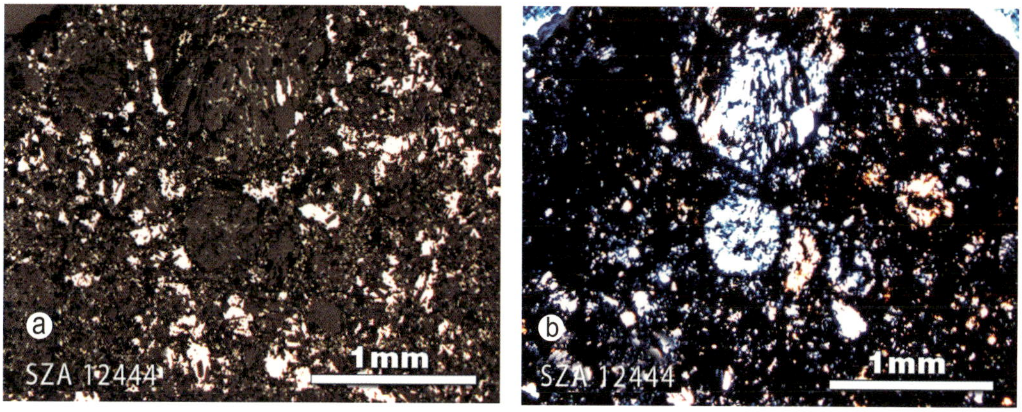

图 7.45 a—回收的南极陨石 SZA 12444，EH4，显微照片（反射光），亮白色为金属，灰黑色球粒为顽火辉石球粒；b—回收的南极陨石 SZA 12444，EH4，显微照片（+），顽火辉石 I 级灰白干涉色

（图片来源：https：//www.nasa.gov）

3）顽火辉石的球粒丰度高，具隐晶质和斑状结构，4~6 型顽火辉石球粒陨石中含橄榄石的球粒稀少；

4）CAIs 稀少；

5）细粒基质、细粒球边的丰度较低。

根据矿物学及总体化学特征可将顽火辉石球粒陨石进一步划分为 EH 群及 EL 群球粒陨石，EH 群球粒陨石的金属矿物丰度偏高，并含有陨硫镁铁锰石、硫钠铬矿、陨硫铜钾矿等碱性硫化物，这些标志性矿物的出现可作为判定 EH 群球粒陨石的标志，而 EL 群球粒陨石的特征矿物是出现硫锰矿（Mn，Fe）S。有一些 E 球粒陨石划分为熔融岩石（Melt rock），具有均匀且粒度较粗的（毫米级顽火辉石）无球粒陨石结构，但其化学和氧同位素特征仍类似于顽火辉石球粒陨石，有一些熔融 E 群陨石还富含金属（高达 25vol%），这些 E 球粒陨石的熔融岩石被认为是在 E 球粒陨石母体上冲击熔融造成的，也可能源自其母体内部的熔体。

7.5 K 球粒陨石

这一陨石群的球粒陨石是以其类型标本 Kakangari 陨石命名的，Kakangari 是 1890 年在印度泰米尔纳德邦坠落的陨石。已知的 K 球粒陨石有 4 种：Kakangari、Lea County 002、LEW 87232（图 7.46）和 2013 年才确认的 NWA 10085，时隔 123 年只确认了 4 块，已知总质量 434.3g，在已经确认的陨石群中它们是最稀有的陨石群。

目前已知的 K 球粒陨石岩石学类型为 3 或 4。它们富含铁硫化物，并显示出许多分层或有环边的球粒。它们在化学成分上是独一无二的，与众不同的氧同位素特征可以将它们与其他球粒陨石群区分开来。特殊的组成表明 K 球粒陨石起源于一个原始且独特的母体。

K 球粒陨石的化学和同位素特征不同于普通球粒陨石、顽火辉石球粒陨石及碳质球粒陨石，K 球粒陨石的矿物岩石学特征为：

1）基质的丰度高（70%~77%）；

2）金属含量（6%~9%）；

3）平均橄榄石（Fa=2）、顽火辉石（Fs=4），岩石化学组成介于 H 和 E 球粒陨石之间；

4）基质主要由顽火辉石组成（平均 Fs=3）；

5）难熔亲石元素丰度（<1 × CI）；

6）亲铜元素丰度介于 H 和 E 球粒陨石之间；

7）挥发性亲石元素与普通球粒陨石类似；

8）全岩氧同位素组成低于地球分馏线，近于 CR- 混合线；

9）N 和 C 同位素组成落在 CV 碳质球粒陨石范围内。

图 7.46 a—回收的南极陨石 LEW87232（K）；b—LEW87232（K），Mg Ka 元素 X- 射线图，岩石组成主要为富镁的辉石；c—LEW87232（K），显微照片（-）；d—LEW87232（K），显微照片（+）

（图片来源：https：//www.nasa.gov）

7.6 R 球粒陨石

这组陨石的前身是卡莱尔湖群（Carlisle Lakes），是 1977 年在澳大利亚发现的一块 49.5g 的陨石，现在以 1934 年在非洲肯尼亚西南部目击降落的 Rumuruti 陨石标本命名，Rumuruti 陨石是这个群里唯一的目击陨石，德国柏林洪堡博物馆（Humboldt Museum）于 1938 年购买了一块 Rumuruti 陨石小标本，随着研究的深入，Rumuruti 陨石被认为是一种异常型球粒陨石，可以与卡莱尔湖陨石相匹配，直到 1993 年才被重新分类并形成 R 群。

大多数 R 球粒陨石的岩石学类型为 3 或岩石学类型 3 到 6 的复矿角砾岩。只有少数岩石学类型较高的 R 球粒陨石没有角砾岩化。R 群球粒陨石化学组成与普通球粒陨石有很大的不同，在矿物学特征和氧化态上与 E 群球粒陨石恰好相反，R 球粒陨石表现为高度氧化并含有大量富铁橄榄石。由于大部分铁被氧化或以铁的硫化物形式存在，所以在 R 球粒陨石内部几乎没有铁镍金属颗粒。富铁的橄榄石，再加上铁在地球环境中易氧化性质，使得多数 R 球粒陨石呈现典型的锈红色外观。但一些新鲜且非平衡型的 R3 球粒陨石，基质为黑色或浅灰色。图 7.47 至图 7.50 为非洲发现的 9 种 R 群球粒陨石个体或切面特征描述。

相比于普通球粒陨石或顽火辉石球粒陨石，R 型陨石的球粒丰度较低，它们通常含有指示为风化层起源的表土角砾岩，可以代表小行星表面的样本。另一个指示表土来源的指标是：R 群的大多数陨石都含有大量太阳风注入的稀有气体。R 球粒陨石的母体尚未被发现，但其母体在历史上肯定遭受过许多冲击事件，导致大多数 R 群陨石表现出高度角砾化的特征。

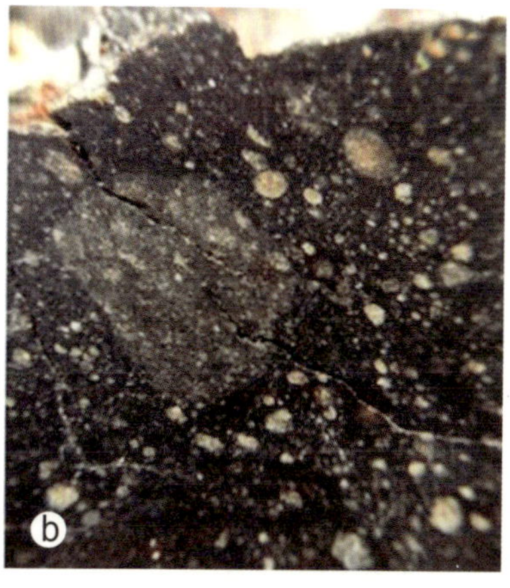

图 7.47 a—西北非发现的 R3-5 球粒陨石，临时命名 NWA 13862；b—NWA 12505，R3 球粒陨石个体及切片，切面可见黑色细粒的基质，白色的球粒与灰色角砾

图 7.48 来自毛里塔尼亚的一块 R 群球粒陨石，熔壳全部脱落，基质为黑色细粒结构，表面见有灰白色球粒和颜色较浅的大角砾

图 7.49 a—NWA 978，R3.8，切面可见灰色基质和颜色稍浅的棱角状角砾，球粒轮廓清晰；b—NWA 845，R4，基质颜色比 NWA 978 的暗，球粒清晰，角砾岩化不明显

图 7.50 a—NWA 753（R3.9）陨石个体；b—NWA 753（R3.9）切片；c—NWA 1668（R5），切片，角砾岩化较强烈；d—Awsserd（R4）切片，角砾与球粒呈灰白色，基质为灰黑色，细粒结构

除了 Carlisle Lakes、HaH 119 及 Sahara98248 等少数陨石外，其余都具有角砾岩化特征。浅色平衡的碎屑显示出 5~6 的岩石类型，黑色细粒的基质表现出非平衡(弱平衡)的岩石类型 3~4。R 球粒陨石是所有球粒陨石中氧化程度最高的，它们基本上不含金属铁，这与 E 球粒陨石几乎所有的铁都处于单质状态截然相反。图 7.51 为回收的南极陨石 PCA91002（R3.8−6）个体及薄片显微照片。

图 7.51 a—回收的南极陨石 PCA 91002（R3.8−6）个体；b—PCA 91002（R3.8−6），显微照片（反射光）；c—PCA91002（R3.8−6），显微照片（−）；d— PCA91002（R3.8−6），显微照片（+）

（图片来源：https：//www.nasa.gov）

岩石和化学特征为：

1）较高的基质丰度（约 50%）；

2）较高的氧化态，含 NiO 的橄榄石较多，几乎不含金属单质；

3）难熔亲石元素、中等挥发性元素丰度类似于普通球粒陨石（约 0.95×CI）；

4）Mn 和 Na 元素亏损，挥发性元素（Ga、Se、S、Zn）含量高的特点可与普通球粒陨石区分；

5）全岩 $\delta^{17}O$ 的数值比其他球粒陨石群都要高；

6）几乎不含 CAIs。

7.7 F* 群

这个独特的陨石群是以在两块顽辉无球粒陨石中发现的球粒陨石质碎屑而命名的。这两块顽辉无球粒陨石分别是 ALH78113 和 Cumberland Falls（图 7.52）。这两块陨石都是复矿角砾岩，含有黑色球粒陨石角砾，这些角砾不适合任何已建立的球粒陨石群。这些角砾碎屑被暂时归类 F* 群，因为在这些碎屑中发现的橄榄石几乎由纯的富镁橄榄石组成，取镁橄榄石（Forsterite）英文首字母将这个小群被命名为 F* 群球粒陨石。

所有 F* 群碎屑岩性高度不平衡，可归为岩石学类型 3，F 球粒陨石矿物学和氧化态介于普通球粒陨石的 H 群和 E 群球粒陨石之间。说到它们的起源，研究人员认为它们来自一颗由 F 球粒陨石组成的原始小行星，在太阳系早期形成后不久便与顽辉无球粒陨石的母体相撞，因此被包裹在顽辉无球粒陨石中。图 7.53 为 NWA 7135 未分组球粒陨石氧同位素组成与 F 群陨石十分接近。

图 7.52 Cumberland Falls 顽辉无球粒陨石，黑色角砾为球粒质陨石，不适合任何已建立的球粒陨石群，暂归类 F* 群，黑色角砾断面可见亮白色金属点

（图片来源：Martin Horejsi）

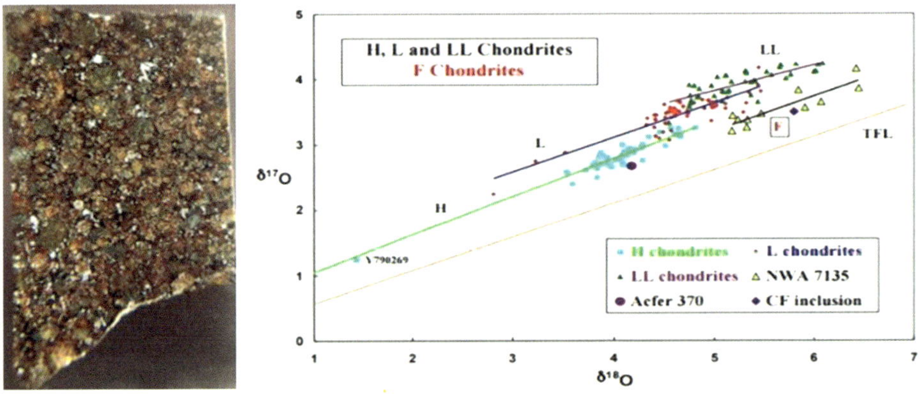

图 7.53 NWA 7135(chondrite-ung)，氧同位素特征与 F 群球粒陨石包体的氧同位素组成非常接近，目前归类为球粒陨石未分组。

第 8 章

无球粒陨石类型与识别

- 无球粒陨石概述
- 原始无球粒陨石
- 分异的小行星陨石
- 火星和月球陨石
- 石铁陨石
- 铁陨石

8.1 无球粒陨石概述

“无球粒陨石”一词用于描述没有球粒的石陨石，球粒是区分无球粒陨石和球粒陨石的主要依据。但一些球粒陨石不含球粒（CI 球粒陨石），有一些类型的无球粒陨石会含有不同类型的球粒；这些特殊类型的陨石可能是从一类到另一类转变的过渡类型。球粒陨石代表的是自太阳系形成以来相对保持不变的原始物质。在较大的小行星和行星的吸积和分异过程中，这种原始的球粒质物质被熔融并重结晶，形成无球粒陨石。

无球粒陨石是其他星球的岩石样品，它们大多是比较原始的，成分很接近于球粒陨石，其年龄与原始球粒陨石也很相似。目前主流理论认为，原始无球粒陨石是在具有球粒陨石质成分的母体上发生部分熔融的残留物。

其他演化程度更高的无球粒陨石则经历了更广泛的岩浆活动。其中一些无球粒陨石是玄武岩或富钙的火山岩，代表其母体的上地壳成分；另一些是在地壳深部形成的富镁深成岩，经历了缓慢的冷却结晶过程，因而具有粗粒火成结构。

一些分异的无球粒陨石可归属于特定的母体。HED 族的陨石被认为是 4 号小行星——灶神星的岩石样品。玄武质无球粒陨石有三个亚组，包括钙长辉长无球粒陨石（Eucrite）、辉长角砾无球粒陨石（Howardite）、辉橄无球粒陨石（Diogenite），代表玄武质岩浆形成的火山岩、深成岩。人们认为 HED 陨石来自同一个母体，来自 4 号小行星——灶神星，2011 年 11 月到 2012 年 9 月，黎明号探测器获取到关于灶神星的很多相关数据。由于灶神星不同寻常的玄武质成分，特别是灶神星的反射光谱与 HED 陨石之间具备良好的匹配关系，这种关系被认为是相当完善的。HED 族陨石是最大的一组小行星无球粒陨石，有超过 2083 个发现和目击的样品。

其他玄武质的无球粒陨石，如钛辉无球粒陨石、顽辉无球粒陨石、富橄榄（橄榄石）无球粒陨石、橄辉无球粒陨石也被认为是小行星起源的。另一些无球粒陨石可以被认为是更大的母体——真正的行星及其卫星。

月球陨石确实是月球的碎片，这一事实已经通过与阿波罗登月取样并带回地球的月球岩石样本进行比较而得到了证实。火星陨石被认为起源于我们的邻居——火星，这些陨石代表高度演化的岩石，比其他任何一种无球粒陨石更像地球岩石。

无球粒陨石分类如图 8.1 所示。

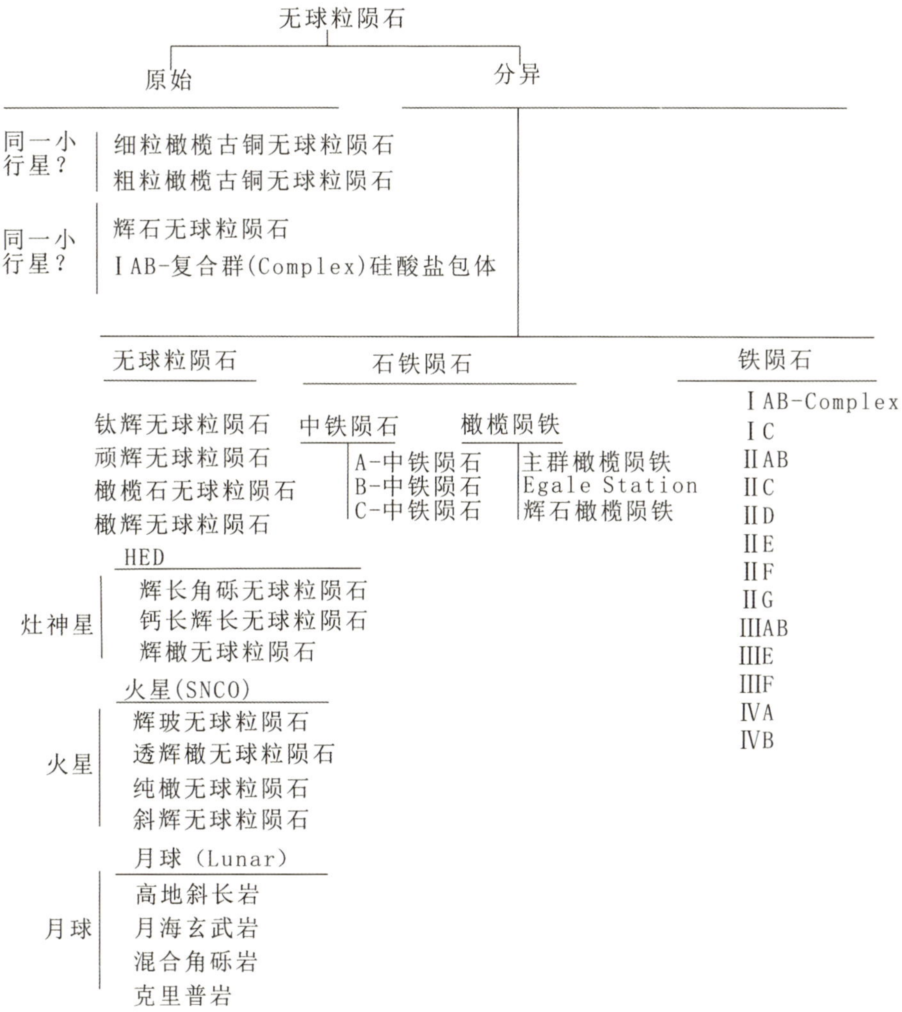

图 8.1 无球粒陨石分类

8.2 原始无球粒陨石

原始无球粒陨石主要包括 Acapulcoites 群、Lodranites 群、Winonaites 群及 IAB-复合群铁陨石的硅酸盐包体。虽然国际陨石学会目前仍将橄辉无球粒陨石（ureilite）划归到原始无球粒陨石中，但橄辉无球粒陨石小行星起源的证据逐渐增多，因此本书将橄辉无球粒陨石划归到小行星起源的无球粒陨石中。Acapulcoites 无球粒陨石名称来源于 1976 年在墨西哥坠落的 Acapulco 陨石。由于其成分几乎是球粒陨石质的矿物组成，Acapulco 最初被归类为异常球粒陨石，后来又发现几个类似的陨石，便形成了一个 Acapulcoites 无球粒陨石群。原始无球粒陨石标志着原始球粒物质和分异程度更高的岩石之间的过渡类型。

Acapulcoites 无球粒陨石群主要由细粒橄榄石、斜方辉石、少量斜长石、镍铁金属和硫化铁等组成。矿物成分介于 E 和 H 球粒陨石之间，但表现出与其他已知球粒陨石群不同的氧同位素模式。一些 Acapulcoites 群陨石已经被证明含有残余的球粒，比如得克萨斯州的 Monument Draw 陨石，而且有的成员实际上含有大量不同的球粒，如 NWA 725 中不同球粒的存在证明了一个事实，即 Acapulcoites 群无球粒陨石代表了一个极其原始的陨石群，确实是球粒陨石和无球粒陨石之间的过渡类型。Acapulcoites 群与另一个原始球粒陨石 Lodranites 群密切相关，研究认为它们起源于同一母体。图 8.2 和图 8.3 为西北非 Acapulcoite 个体及切面照片。

Lodranites 群原始无球粒陨石是以 1868 年在巴基斯坦坠落的 Lodran 陨石命名的。最初，Lodranites 与石铁陨石分在一组，因为它们具有相同的矿物组成，包括橄榄石、斜方辉石和少量斜长石，以及几乎等比例的镍铁金属。然而，自从发现了与之密切相关的 Acapulcoites 群以来，Lodranites 就被归为原始无球粒陨石。由于 Acapulcoites 和 Lodranites 这两个类群具有相似的矿物学和氧同位素组成，人们认为它们来自同一个母体，很可能是一颗尚未被确认的 S 型小行星。Lodranites 具有粗粒橄榄石和辉石，成岩温度比 Acapulcoites 高；这些事实表明，Lodranites 起源于母体的深层。图 8.4 和图 8.5 为 Acapulcoites 的类型样品及 Dhofar 125 原始无球粒陨石切片；西北非发现的 2 种 Lodranites 个体、切面及薄片显微照片特征描述。

Acapulcoite-Lodranites 岩石矿物学特征为：

Acapulcoite-Lodranites 为细－中粒的粒状结构岩石，主要由斜方辉石、橄榄石、含铬透辉石、钠长石、铁镍金属、陨硫铁、陨磷铁镍矿、铬铁矿、白磷钙矿、磷灰石及微量石墨等组成。其矿物成分、矿物的模式丰度及粒度大小均不同于普通球粒陨石，Acapulcoites 与 Lodranitess 之间无明显的界限，Acapulcoites 为细粒岩石，矿物粒度在 0.2~0.4mm 之间，有细粒富含斜方辉石的球粒；而 Lodranites 为粗粒岩石，矿物粒度为 0.5~0.7mm，陨硫铁和斜长石较少，所有的 Acapulcoites 和多数 Lodranites 的宇宙射线暴露年龄介于 5.5~7Ma 之间，表明二者可能是在同一个母体上遭受同一次撞击事件形成的。

Winonaites 代表了另一类原始无球粒陨石，以 1928 年在美国亚利桑那州的史前遗址的一个石堆中（墓）发现的 Winona 陨石命名，这一发现的情况表明，普韦布洛的建造者在亲眼目睹陨石坠落后，将其作为一件神圣的物品加以保存和尊崇。

Winonaites 主要由细粒辉石、少量富镁橄榄石、硫化铁黄铁矿和镍铁金属组成。Winonaites 群陨石的总铁含量在 18%~30% 之间。ⅠAB 复合群铁陨石中硅酸盐包体在化学和矿物学上与 Winonaites 非常相似，它们表现出同样独特的氧同位素组成，这表明 IAB- 复合群铁陨石中硅酸盐包体与 Winonaites 之间存在密切关系。有研究表明，Winonaites 和 IAB- 复合群铁陨石可能起源于同一个部分分异的小行星母体；在它开始形成铁核和硅酸盐的地壳时遭到撞击破碎；撞击将硅酸盐混合到熔融的镍铁金属中，形成含硅酸盐包体的 IAB- 复合群铁陨石；与此同时，富含橄榄石的部分熔融残渣混合到未熔融的硅酸盐中，形成 Winonaites 群陨石。

Winonaites 岩石结构细粒到中粒，大多数是等粒的，偶见含有残留球粒的部位。在矿物学特征上，它们在组成上介于 E 和 H 之间，与发现在 IAB- 复合群铁陨石中的硅酸盐包体密切相关。

图 8.2 a—NWA 12526，Acapulcoites 原始无球粒陨石个体，熔壳完全脱落，等粒结构；b—NWA 12527，Acapulcoites，原始无球粒陨石个体，表面已经形成了沙漠漆

图 8.3 a—NWA 12526，Acapulcoites 断面微距照片，可见清晰的橄榄石、辉石矿物颗粒组成的等粒结构；b—NWA 12527，Acapulcoites 切面照片，主要由橄榄石、辉石组成等粒结构

图 8.4 a—Acapulco，Acapulcoites，类型名称的样品；b—Dhofar 125，Acapulcoites，原始无球粒陨石切片；c—NWA 8251，Lodranites，左上角可以见到亮白色未风化的金属，深绿色的矿物颗粒为斜方辉石，基质主要由橄榄石，辉石微晶斜长石组成；d—NWA 6685，Lodranites，原始无球粒陨石个体

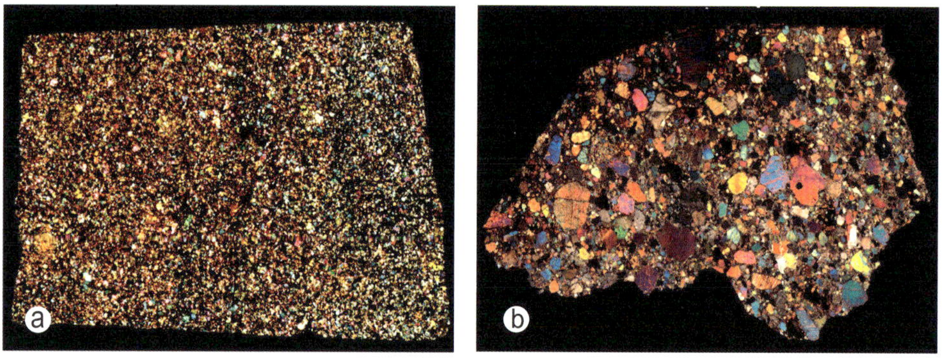

图 8.5 a—Dhofar 125，Acapulcoites，原始无球粒陨石薄片显微照片（+）；b— NWA 8251，Lodranites，原始无球粒陨石薄片显微照片（+）

Winonaites 及含硅酸盐的 IAB- 复合群铁陨石：

Winonaites 大致具球粒陨石质的矿物和化学组成，具无球粒陨石和重结晶的结构，为细 - 中粒的等粒状岩石，有一些样品见有残余的球粒，其矿物组成介于 E 与 H 球粒陨石之间，铁镍金属 - 陨硫铁脉普遍。IAB- 复合群铁陨石中的硅酸盐包体，其氧同位素和矿物成分与 Winonaites 有关，图 8.6 和图 8.7 为非洲发现的 3 种 Winonaites 陨石个体及切面，图 8.8 为 Winona 和 Fortuna 原始无球粒陨石。这些包体含可变量的低钙辉石、高钙辉石、橄榄石、斜长石、陨硫铁、石墨、磷酸盐及铁镍金属，并有少量陨硫铬铁矿及铬铁矿。不同的 IAB- 复合群铁陨石之间硅酸盐的丰度变化较大，基于 IAB 硅酸盐包体的组成，将其划分为 5 种类型，即：

1）富含硫化物的包体，伴生硅酸盐；

2）无球粒陨石质富含硅酸盐的包体，有时为粗粒橄榄石包体；

3）呈角砾状的球粒陨石质硅酸盐包体；

4）浑圆状，含有石墨的包体；

5）富磷酸盐的包体。

IAB- 复合群铁陨石的硅酸盐包体与 Winonaites 之间的矿物组成及氧同位素组成相似，认为它们是由共同的母体形成的。图 8.9 为 2 种常见含硅酸盐包体 的 IAB- 复合群铁陨石。

图 8.6 a—NWA 12483，Winonaites，主要由顽火辉石、镁橄榄石和普通辉石组成；b-NWA 13677，Winonaites 个体及三个不同的切面，充分体现了其物质组成的复杂

图 8.7 阿尔及利亚发现的 Winonaites，临时命名 NWA 13958，陨石个体为铁与硅酸盐混合组成，含金属脉、富含金属的部位突起、硅酸盐部位凹陷，这块陨石表面残留有黑色片状熔壳，切面金属表现为近圆形金属球

图 8.8 a—Winona，Winonaites，原始无球粒陨石；b—Fortuna，Winonaites，原始无球粒陨石

图 8.9 a—Campo del Cielo（Iron，IAB-MG）铁陨石切片，亮白色为金属，灰黑色为硅酸盐；b—Canyon Diablo（Iron，IAB-MG）铁陨石酸洗切片，含有黑色石墨、硅酸盐包体

8.3 分异的小行星陨石

（1）Angrites（钛辉无球粒陨石）

这一组的无球粒陨石是以 Angra dos Reis 陨石（图 8.10）命名的，Angra dos Reis 陨石于 1869 年初在巴西里约热内卢坠落，是一种特殊的火成岩，主要由稀有的富铝钛的透辉石组成。在过去的 20 年里，发现了一些类似的富含铝钛辉石的陨石，逐渐建立了钛辉无球粒陨石群，目前有 35 个命名的钛辉无球粒陨石样品。来自南极的钛辉无球粒陨石有 4 颗（分别于 1986、1987、1988 和 2012 年发现），其中 2 颗保存在休斯敦约翰逊航天中心，还有 2 颗被安放在东京国立极地研究所。1999 年 5 月，在利比亚撒哈拉沙漠发现了第 5 块已知的钛辉无球粒陨石，这块陨石命名为 Sahara 99555（图 8.10），重 2.71kg，一度成为当时世界上最大的钛辉无球粒陨石。1979 年 7 月，南美布宜诺斯艾利斯以南的一块没有岩石的地方因犁地揭露出一块新的钛辉无球粒陨石，该陨石一直作为印第安文物被保存在农场 20 多年，1998 年，有人怀疑这

块岩石可能是陨石，直到 2000 年，这个样本被送到维也纳自然历史博物馆，最终被确认是罕见的钛辉无球粒陨石，命名为 D'Orbigny（图 8.10），原石的质量为 16.55kg，也是当前世界上最大的钛辉无球粒陨石。D'Orbigny 以其内部粗粒结构而闻名，它与 Sahara 99555 都具有圆形孔洞或薄层橄榄石衬在孔洞内壁的空心球，粗大的橄榄石晶体零星地分布在岩石内部，钙长石则呈现长板条状。自 2000 年以来，在非洲西北部相继发现了 NWA1296、NWA1670 等 28 块钛辉无球粒陨石。图 8.11 为 2 种西北非发现的钛辉无球粒陨石。

钛辉无球粒陨石主要由不同数量的辉石、斜长石、少量橄榄石及其他矿物组成。它们是具有堆晶结构的玄武质岩石，通常含有很多孔洞，有的孔直径达 2.5cm。有研究表明这些孔洞是在结晶之前残余气体的痕迹，然而也有人认为这些孔最初是固态的岩球，在随后成岩作用阶段球体里的物质再次被熔融并逃逸。所有的理论研究都认为钛辉无球粒陨石是岩浆成因，它们的结晶年龄约为 45.5 亿年，是已知最古老的火成岩之一，形成于太阳系的早期。钛辉无球粒陨石最早分异于富含 CAIs 的球粒陨石质母体的火成作用阶段，类似于 CI 或 CM 群的碳质球粒陨石。

图 8.10 a—Angra dos Reis，钛辉无球粒陨石个体；b—Sahara 99555 钛辉无球粒陨石；c—D' Orbigny，发现总量最大的钛辉无球粒陨石，中间有圆形孔洞，巨大的辉石橄榄石晶体；d—D' Orbigny 显微照片（+），辉石呈板条状，自形程度较好，橄榄石呈粒状，裂隙发育，含有少量斜长石

（图片来源：Luc Labene）

图8.11 a—NWA 12822，Angrites，钛辉无球粒陨石，辉长结构，外观与地球辉长岩非常相似；b—NWA 12774，Angrites，斑状结构，斑晶主要是自形橄榄石、半自形铝－钛辉石，基质为板条状钙长石、橄榄石、铝钛辉石及少量陨硫铁组成

通过比较钛辉无球粒陨石与几个主带小行星的反射光谱，确定了两个疑似来源——289 Nenetta；3819 Robinson，具体哪颗小行星是钛辉无球粒陨石的母体仍有待于研究。

岩石矿物及化学特征：

钛辉无球粒陨石为中粗粒（2~3mm）玄武质火成岩，主要由深绿辉石、富钙橄榄石及钙长石组成，副矿物有尖晶石、陨硫铁、白磷钙矿、含钛磁铁矿及铁镍金属等。虽然氧同位素组成与 HED 陨石、富橄榄无球粒陨石及中铁陨石没有太大差别，但钛辉无球粒陨石异常的矿物及化学组成表明其与这些陨石群并无关联。钛辉无球粒陨石是太阳系中呈碱性且高度亏损的玄武质岩石，中等挥发性元素的丰度低，与月海玄武岩和地球辉长岩相比，钛辉无球粒陨石中高度挥发性元素 B、Se、Zn、In 及 Cd 无明显亏损。

（2）Aubrites（顽辉无球粒陨石）

以 1836 年在法国 Nyons 附近坠落的 Aubres 陨石（图 8.12）命名，Aubrites 是唯一具有白灰色熔壳和白色矿物组成的石陨石。1948 年以前，顽辉无球粒陨石一直是最稀有的石陨石之一。1948 年 2 月 18 日，美国 Norton County 附近发生了顽辉无球粒陨石目击降落事件，降落的陨石总质量超过 1000kg，共发现几百块陨石个体（图 8.13），Norton County 的陨石主体保存在新墨西哥大学陨石博物馆。

顽辉无球粒陨石主要由顽火辉石组成，也称为顽火辉石 - 无球粒陨石。其典型的浅色熔壳、白色断面和松散易碎三个特征是顽辉无球粒陨石特有的，但并不是所有顽辉无球粒陨石都有这三个特征，一些新发现的 Aubrites 完全没有这些特征。图 8.14 为非洲发现的一块顽辉无球粒陨石。Aubrites 主要由几乎不含铁的顽火辉石组成，它们还含有少量橄榄石、镍铁金属、黄铁矿和各种外来的副矿物，表明是在极端还原条件下的岩浆中形成。Aubrite 岩浆很可能是由 E 群球粒陨石源熔融形成的，虽然与 E 群的陨石关系密切，但不是同一母体。大多数 Aubrite 都有强烈的角砾岩化，这表明其母体剧烈撞击的历史，在一些 Aubrite 群陨石中发现了杂岩捕虏体，例如 ALH 78113 和 Cumberland Falls；这两种陨石都含有富镁橄榄石的球粒陨石质成分，这在其他类型的陨石中是没有的。图 8.15 为回收的南极陨石 MIL13004 顽辉无球粒陨石个体及薄片显微照片。这可能说明 Aubrite 母体在形成后不久便与一颗由"F- 球粒陨石"组成的小行星相撞，碰撞导致强烈的角砾岩化并形成丰富的捕虏体。

图 8.12 a—Aubres（Aubrite）顽辉无球粒陨石，角砾岩化强烈；b—Mayo Belwa，Aubrite，角砾岩化强烈，切面见有原生孔洞

（图片来源：Peter Marmet）

图 8.13 a—Cumberland Falls（Aubrite）混合角砾岩，黑色角砾为球粒陨石质；b—Norton County（Aubrite），锈黄色为金属硫化物

图 8.14 产自西北非的一块顽辉无球粒陨石，临时命名 NWA 13927（Aubrite），与常见的顽辉无球粒陨石不同，这块 Aubrite 更像典型的辉长岩，颠覆了 Aubrite 为单纯顽火辉石岩的认知

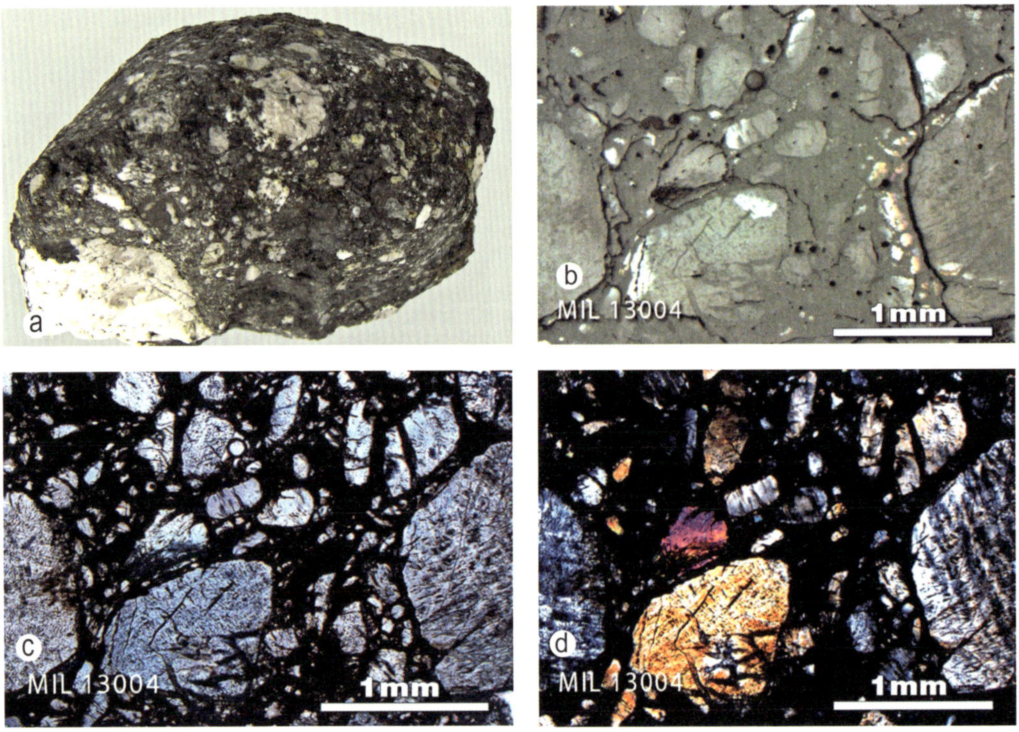

图 8.15 a—回收的南极陨石 MIL 13004（Aubrite）个体；b—MIL 13004（Aubrite）显微照片（反射光）；c—MIL 13004（Aubrite）显微照片（-）；d— MIL 13004（Aubrite）显微照片（+），矿物成分以低钙的顽火辉石为主

（图片来源：https：//www.nasa.gov）

将 Aubrite 光谱与小行星光谱进行比较，发现 Aubrite 和主带小行星 44 Nysa 以及 Hungaria 小行星族的其他成员之间有惊人的相似，近地轨道的 3103 号小行星，也被怀疑是 Aubrite 的真正母体，但其直径只有 1.5km，光谱匹配仍然存在很多问题。

岩石矿物及化学特征：

Aubrites 陨石为高度还原的顽火辉石岩，通常是角砾岩，少数具有火成结构，表土角砾岩少见，但太阳风注入的稀有气体含量较高，主要由几乎不含铁的顽火辉石（约 75%~95%）组成，有的样品也含有少量富钠斜长石和几乎无铁的透辉石及镁橄榄石，火成及冲击成因的碎屑普遍发育，副矿物主要是含硅的铁镍金属、硫钛铁矿及陨硫钙石等。Aubrites 陨石的矿物学和氧同位素组成与顽辉球粒陨石（E 群）相似，表明二者密切相关，但并非形成于共同的母体。

（3）Brachinites（富橄榄无球粒陨石）

以 1974 年在澳大利亚发现的 Brachina 陨石命名。这个化学群的陨石最初被归类为异常型无球粒陨石，因为它们不适合任何已建立的陨石群。矿物组成极其简单，主要由近乎等粒的粒状橄榄石组成，富橄榄无球粒陨石是超镁铁质地幔岩石，在地球上矿物组成类似的岩石被称为纯橄岩。起初大多数陨石学家认为 Brachina 陨石是富含橄榄石的火星陨石 Chassigny 群；然而，进一步的研究揭示了 Brachina 陨石独特的微量元素模式及其独特的氧同位素组成，更重要的是像大多数陨石一样，Brachina 陨石测年结果和其他球粒陨石几乎一样古老，而 Chassigny 虽然也是由橄榄石组成，但其测年结果只有 13 亿年，相比于其他陨石显得非常年轻。随着越来越多类似 Brachina 陨石的标本被发现，富橄榄无球粒陨石群逐渐建立起来，目前已命名的标本一共有 50 个。图 8.16 为 Brachina、Eagles Nest、NWA 3151 和 Aridal 010 等 4 种富橄榄无球粒陨石个体及切面照片。

Brachinites 主要由中－粗粒的橄榄石组成，等粒结构常见，含有少量的单斜辉石、斜方辉石和少量斜长石等次要矿物。尽管 Brachinites 的全铁含量高达 20%，但铁元素大部分以富铁橄榄石的形式存在，很少以金属单质的形式存在。通过对不同小行星橄榄石组成的研究表明，289 号小行星 Nenetta 可能是 Brachinites 的母体。图 8.17 为西北非发现的 2 种富橄榄无球粒陨石发现信息及结构特征描述。

主要岩石矿物学特征为：

Brachinites 为中－粗粒的等粒状纯橄岩，主要由橄榄石（76%~98%）组成，但也含普通辉石（5%~16%）、斜长石（1%~10%）、铬铁矿（1%~2%）、铁的硫化物（3%~7%）、微量的斜方辉石、少量磷酸岩及金属。Brachinites 的大离子亲石元素的丰度接近于球粒陨石，有一些 Brachinites 的 Al、Ca、Ru、K、Na 等元素亏损，其亲铁元素丰度接近于球粒陨石，岩石内发现有行星成因的稀有气体，氧同位素组成与 HED 族陨石基本无差别，但可以确定的是 Brachinites 不是由 HED 陨石母体形成的。富橄榄无球粒陨石是否是原始的、或者是部分熔融的残留物，亦或是火成堆晶岩仍是未能有效解决的问题。图 8.18 为南极陨石 ALH84025，富橄榄无球粒陨石薄片显微照片。

图 8.16　a—Brachina（Brachinite）；b—Eagles Nest（Brachinite）矿物组成主要为等粒状的橄榄石和少量斜方辉石、富钠长石；c—NWA 3151（Brachinite）矿物组成主要为 0.7~1.6mm 的橄榄石；d—Aridal 010（Brachinite）

（图片来源：Don Edwards；Svend Buhl）

图 8.17　a、b—NWA 12447，Brachinite，2004 年发现于西北非，为罕见的富橄榄无球粒陨石；该陨石切面呈现出似层状的条带状构造，可能为变质成因，也可能是成岩过程中分异作用的体现；陨石外观特征与地球岩石无异，难以区分；c—NWA 5435，Brachinite，2009 年发现于西北非，陨石几乎由纯橄榄石组成，切面黑绿色的粒状矿物全部为橄榄石

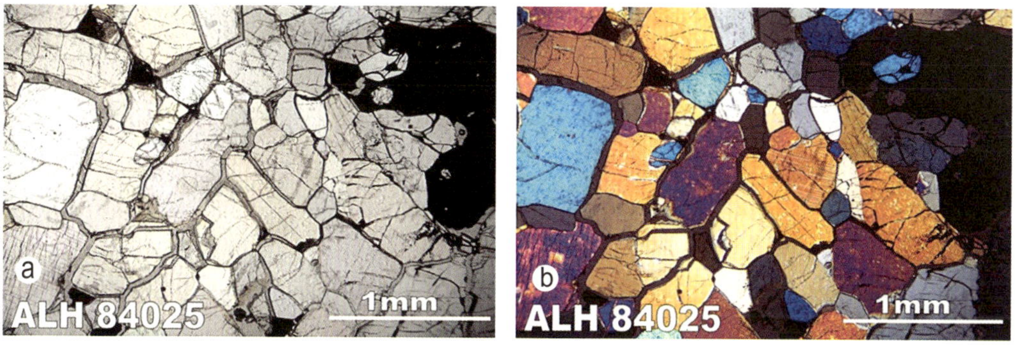

图 8.18 a—回收的南极陨石 ALH 84025（Brachinite）显微照片（-）；b—ALH 84025（Brachinite）显微照片（+），矿物组成基本全部为等粒状的橄榄石

（图片来源：https：//www.nasa.gov）

（4）Ureilites（橄辉无球粒陨石）

Ureilites（Ure）是以俄罗斯莫尔多瓦共和国的一个村庄 Novo-Urei 命名的，1886 年有几颗陨石降落在那里，据历史记载，当地农民很快就找到了一块陨石，但没有为了科学研究而保存起来，而是把这块石头打碎吃掉了！记录中没有揭示这种奇怪行为的原因。然而，并非所有的石头都被吃掉了，Novo Urei 成为收藏品中最典型和最具代表性的无球粒陨石。图 8.19 为 Novo-Urei 等 4 种橄辉无球粒陨石照片；图 8.20 为定向的橄辉无球粒陨石。

图 8.19 a—Novo-Urei（Ureilites）橄辉无球粒陨石；b—Almahata Sitta（Ureilites-an）橄辉无球粒陨石，人类首次观察并预测降落的小行星 2008TC3 降落的残留物；c—Kenna（Ureilites）橄辉无球粒陨石；d—Pecora Escarpment 82506（Ureilites）橄辉无球粒陨石

图 8.20 定向的橄辉无球粒陨石

2019 年 3 月 28 日，在我国新疆罗布泊楼兰遗址地区发现了一块质量 7kg 的橄辉无球粒陨石，国际命名 Loulan Yizhi034（图 8.21）。这是我国第一次发现橄辉无球粒陨石，标志着中国的沙漠陨石研究开始逐渐转向高层次无球粒陨石阶段。可以预见，未来中国的沙漠戈壁地区必将会发现火星、月球等更加稀有的无球粒陨石。

图 8.21 Loulan Yizhi034（Ureilites），2019 年 3 月 28 日发现于新疆罗布泊楼兰遗址地区，是我国在沙漠戈壁地区第一次发现橄辉无球粒陨石，该陨石两个碎块总质量 7kg，矿物组成主要为粗粒橄榄石、辉石和石墨。该陨石熔壳全部脱落，气印不发育，外观与地球岩石无异，极难辨认

根据矿物 - 岩石学特征，可将橄辉无球粒陨石继续划分出 3 个亚群：

1）橄榄石 - 易变辉石型橄辉无球粒陨石亚群，粗粒火成结构（粒度约 1mm），橄榄石成分 Fa76—Fa95，石墨沿橄榄石颗粒边界分布；

2）橄榄石 - 斜方辉石（或普通辉石）型橄辉无球粒陨石亚群，嵌晶结构，主晶由大颗粒低钙辉石组成，对橄榄石和普通辉石形成包裹或半包裹，这个亚群还含有岩浆成因捕虏体，而橄榄石 - 易变辉石型橄辉无球粒陨石则不含岩浆成因捕虏体；

3）复矿角砾岩型橄辉无球粒陨石亚群，主要有复矿角砾岩及含太阳风注入稀有气体的表土角砾岩两种，主要由橄榄石 - 易变辉石和橄榄石 - 斜方辉石两种橄辉无球粒陨石亚群的矿物和岩石碎屑组成，另外还含有斜长石碎屑、长石质熔融碎屑和含 Ca-Al-Ti 的碎屑。

Ure 的成因和形成历史一直是一个谜，它们的矿物组成和氧同位素特征表明，它们是部分熔融的残留物，因此可能代表了在几个母体上形成的原始无球粒陨石，这也是国际陨石学会将 Ure 归类为原始无球粒陨石族的原因。图 8.22 为 4 种西北非发现的橄辉无球粒陨石切面及描述。但稀有元素模式和其他化学特征表明，Ure 是高度分馏的火成岩，形成于同一母体的不同区域；可能是一个中等分化程度的 C 型小行星，这

图 8.22 a—NWA 7126，Ureilites，橄榄石 - 易变辉石型橄辉无球粒陨石亚群；b—NWA 12528，Ureilites，主要由橄榄石、辉石组成，含有细小的金属包体、石墨、金刚石；c—NWA 12507，Ureilites，矿物组成主要为橄榄石、普通辉石、铬铁矿、陨硫铁；d—NWA 12506，Ureilites，含细小金属包体的重结晶橄榄石和辉石，硅酸盐矿物被石墨、金刚石和贫镍金属环绕

颗小行星被撞击事件破坏，熔融而后迅速冷却，撞击历史也可以解释高压矿物金刚石的出现，当然，这个理论也有它的问题。个别新发现的 Ure 含有钻石，但几乎没有冲击变质特征；一些矿物组成复杂的标本提出了更多关于 Ure 起源之谜及其母体演化的问题。图 8.23 为回收的南极陨石薄片显微照片。

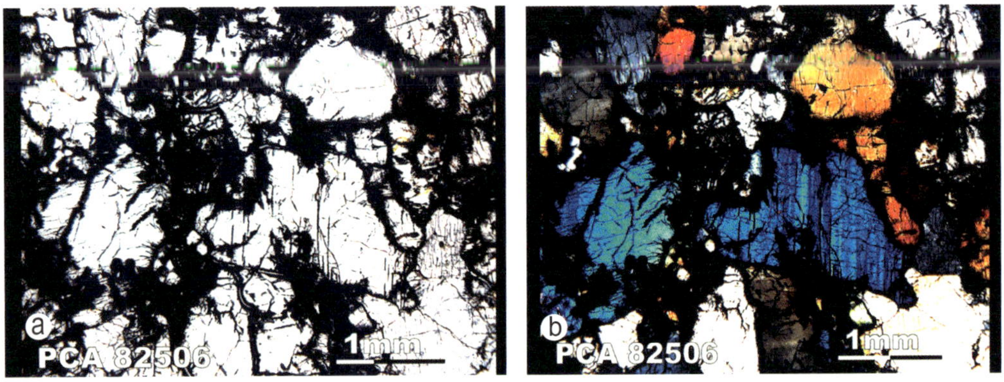

图 8.23 a—回收的南极陨石 PCA 82506（Ureilites）橄辉无球粒陨石薄片显微照片（–）；b—PCA 82506（Ureilites）橄辉无球粒陨石薄片显微照片（+），矿物组成主要为橄榄石和易变辉石，矿物颗粒边缘主要为石墨和细粒金属，橄榄石和辉石的矿物颗粒与石墨接触的边缘出现还原边

（图片来源：https：//www.nasa.gov）

其矿物岩石学特征为：

1）橄榄石和易变辉石的 CaO 含量较高；

2）橄榄石中 Cr_2O_3 含量高；

3）碳含量可达总质量的 5%；

4）橄榄石、辉石与石墨基质接触的位置出现还原边；

5）氧同位素组成变化大，在三氧（$\delta^{16}O$、$\delta^{17}O$、$\delta^{18}O$）同位素图上，其氧同位素分布与碳质球粒陨石无水矿物线重合。

（5）HED 族陨石——灶神星陨石

“HED”族陨石包括三个陨石群，即辉长角砾无球粒陨石（Howardites）、钙长辉长无球粒陨石（Eucrites）和辉橄无球粒陨石（Diogenites）。HED 族陨石的样品代表了演化程度更高的无球粒陨石，它们经历了广泛的火成作用，类似于地球上发现的岩浆岩，相当于陆生玄武岩、粗玄岩、辉长岩和其他喷出或侵入的火成岩。

HED 族陨石具有相同的氧同位素分馏线和化学特征，表明它们形成于同一母体上，它们的结晶年龄为 44.3 亿年至 45.5 亿年，通过研究放射成因的同位素表明，HED 族陨石共同的母体必须是一个相对较大且分异的小行星。这颗小行星在经历了一段相对强烈但很短暂的岩浆活动后，地质活动逐渐停止。经过光谱学研究对比表明，多数科学家认为灶神星确实是 HED 族无球粒陨石的共同母体。

灶神星直径约 525km，是质量较大的小行星。与大多数其他不规则、呈土豆形小行星不同，灶神星是一个近球形且分异的小天体，与水星、金星等类地行星有许多共同的特征。灶神星的南极附近，可以分辨出一个巨大的陨石坑，这是一次规模巨大撞击事件的产物，击穿了灶神星的玄武质地壳并开掘到地幔层。由于这次能量巨大的撞击事件，导致大量物质从灶神星脱离，其中一些碎片经过长时间游荡后进入近地轨道并降落在地球，这可能就是 HED 族陨石的来源。

多数陨石学家认为 HED 族陨石起源于灶神星。关于 HED 族陨石的母体或起源问题存在三种观点：①直接起源于灶神星；②起源于灶神星被撞击后形成的 V 型小行星群；③起源于和灶神星有类似物质组成的分异型小行星。国内关于 HED 族陨石研究的中文文献不多，HED 族陨石的中文译名也很混乱（陈宏毅等，2016）。

（6）Howardites（辉长角砾无球粒陨石）

辉长角砾无球粒陨石以 19 世纪早期的英国化学家和陨石先驱 Edward Howard 的名字命名，他于 1795 年在欧洲历史性地证明了陨石确实从天而降，并说服了诸多对陨石来源持怀疑态度的科学家。

Howardite 具有多种中文名称，即紫苏钙长无球粒陨石（王道德等，2005）、钙长紫苏无球粒陨石（孙浅等，2013）或者古铜钙长无球粒陨石（刘焘等，2008）。紫苏和古铜是为了表明 Howardite 中辉石的成分为紫苏辉石和古铜辉石，然而在 Howardite 陨石中辉石的成分变化很大，还有易变辉石、普通辉石、富铁普通辉石等多种成分，且比例上几乎是古铜 – 紫苏辉石和易变辉石 – 普通辉石各占一半，斜长石中以钙长石为主。但在中文文献中使用的 Howardite 名称较多，应用混乱，对初学者易产生混淆和误导作用。不论 Howardite 陨石的组成矿物中辉石是哪种，长石含量高低，辉长质的矿物组合已确定，加之大多数 Howardite 为复矿角砾碎屑组成，建议中文定名为“辉长角砾无球粒陨石”（陈宏毅等，2016）。这个中文定名既说明了主要矿物组成，又表现了岩石结构、构造特点。

多数辉长角砾无球粒陨石为角砾岩，角砾主要由钙长辉长无球粒陨石和辉橄无球粒陨石（可达 50%）组成的混合物，少量为冲击熔融玻璃和表土化基质等，是母体表层的主要物质组成。在已发现的辉长角砾无球粒陨石中，绝大多数为角砾岩，角砾岩含原始结晶的岩浆岩包体，少部分辉长角砾无球粒陨石为原始堆积岩。图 8.24 为 NWA 1929、Pavlovka、Sariçiçek 等 3 种辉长角砾无球粒陨石个体及切面照片。

图 8.24　a—NWA 1929（Howardite）辉长角砾无球粒陨石，主要由玄武岩质碎屑组成，另外含有少量的辉橄无球粒陨石碎屑和熔融的碎屑，岩石经历过强烈的冲击作用发生重结晶；b—Pavlovka（Howardite）辉长角砾无球粒陨石；c—Sariçiçek（Howardite）辉长角砾无球粒陨石个体，2015 年 9 月 2 日，目击降落在土耳其宾格尔，黑色闪亮的玻璃质熔壳；d—Sariçiçek（Howardite）辉长角砾无球粒陨石切片

辉长角砾无球粒陨石群最有可能来自 4 号小行星——灶神星。它们是由钙长辉长和辉橄无球粒质的碎屑胶结而成的土壤，多数为复矿角砾岩，通常含有碳质球粒陨石质的黑色碎屑和捕虏体（捕虏体指火成岩中无成因关系的包体）。辉长角砾无球粒陨石可能代表了由大规模撞击溅落起的岩石碎屑。破碎的钙长辉长和辉橄无球粒质及外来物质形成的表土层，类似于月球以及许多小行星上发现的固结风化层，表土层是反复撞击产生的，类似不断翻松土壤的过程。图 8.25 为回收的南极陨石 ALH090004 薄片显微照片。

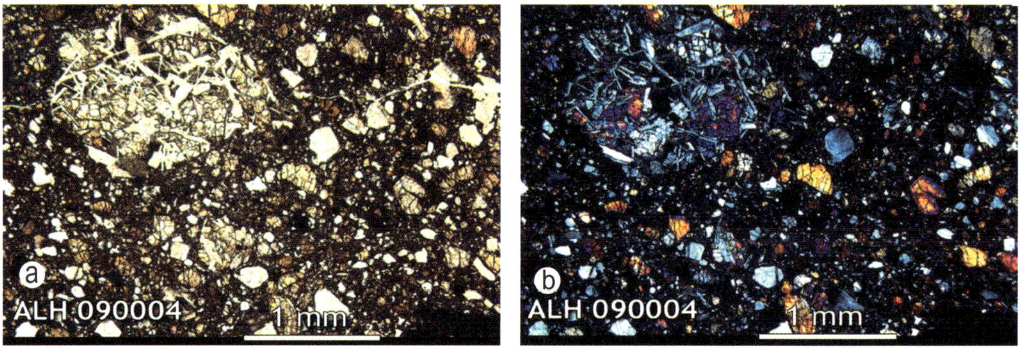

图 8.25　a—回收的南极陨石，ALH 090004（Howardite），辉长角砾无球粒陨石显微照片（-）；b—ALH 090004（Howardite），辉长角砾无球粒陨石显微照片（+），左上角圆球状部分为玄武质的碎屑，矿物组成主要为单斜辉石和斜长石；其余的碎屑为辉橄无球粒陨石碎屑，紫苏辉石含量较高

（图片来源：https：//www.nasa.gov）

其矿物岩石学特征为：

辉长角砾无球粒陨石为 HED 陨石母体的表面固结成岩的表土，在其细粒的、碎屑角砾和冲击作用产生的基质内，含大量有太阳风注入的稀有气体，这也证明了辉长角砾无球粒陨石的表土成因。它们是复矿角砾岩，主要由钙长辉长无球粒陨石及辉橄无球粒陨石的物质组成。另外含有斜方辉石（<10%）和一些橄榄石矿物颗粒，此外还含有大量冲击熔融的碎屑及角砾岩碎片，偶见碳质球粒陨石的捕虏体。

（7）Eucrites（钙长辉长无球粒陨石）

钙长辉长无球粒陨石是以一个希腊单词命名的，意思是"容易辨别"。尽管它们很容易与球粒陨石区分开来，但它们的外观特征与地球玄武岩非常相似。实际上，钙长辉长无球粒陨石就是外星玄武岩，是岩浆成因的火成岩，代表其母体的地壳物质组成。主要由低钙辉石、易变辉石和富钙斜长石组成，此外，钙长辉长无球粒陨石通常含有副矿物，如 SiO_2、Cr、Fe_2O_3 和铁镍金属等。图 8.26~ 图 8.28 为 7 种产自西北非的钙长辉长无球粒陨石。根据矿物学和化学性质的差异，将钙长辉长无球粒陨石群进一步划分为三个不同的亚群：堆积岩亚群、非堆积岩亚群和复矿角砾岩亚群。

1）堆积岩亚群：是在灶神星早期下地壳的岩浆房中由重力作用沉降并结晶的岩石，含有较多的富镁定向晶体，缺乏不相容元素和玄武质成分。堆积岩亚群中典型的标本是 1995 年在阿根廷坠落的 Talampaya 陨石。

堆积的钙长辉长无球粒陨石是粗粒辉长岩，大多数未角砾岩化，含有由低钙的单斜辉石（Mg 牌号：67—58 ）转变的斜方辉石，由易变辉石（Mg 牌号：57—45 ）转变的斜方辉石 。

图 8.26 a——一块来自西北非的钙长辉长无球粒陨石，是一块罕见的未角砾岩化的 Eucrites，具有典型的辉绿结构；b—角砾岩化的钙长辉长无球粒陨石，没有熔壳残留，其凹凸状的外表正是岩石成分不均匀，差异风化的体现

2）非堆积岩亚群：该群的钙长辉长无球粒陨石代表其母体的上地壳岩石组成，是在母体表面熔岩流中快速冷却形成的岩石。根据不相容微量元素含量、镁铁比与氧化钛的比值，又可以将该亚群的钙长辉长无球粒陨石进一步细分为三个不同的岩组，即主岩组、Stannern 岩组和 Nuevo Laredo 岩组。

非堆积的钙长辉长无球粒陨石是地表熔岩流快速冷却形成的，但大多数已变质。非平衡和非堆积的钙长辉长无球粒陨石，由于快速冷却，辉石具环带，并可见出溶纹层，变质程度较弱；变质的（平衡的）和非堆积的钙长辉长无球粒陨石，又称为普通钙长辉长无球粒陨石，它们可以是未角砾岩化或单矿碎屑角砾岩化、变质的玄武岩，低钙易变辉石的成分均匀（Mg 牌号：42—30），并有细的高钙辉石出溶纹层。

图 8.27 a—NWA 6694（Eucrite-pmict）复矿角砾岩，主要由钙长辉长质角砾组成；b—NWA 8336（Eucrite-mmict）单矿角砾岩；c—NWA 12508（Eucrite），未角砾岩化的辉绿结构，主要由易变辉石和长石组成；d—NWA 12509（Eucrite），暗色熔融脉切割辉石和长石组成的重结晶辉绿结构

3）复矿角砾岩亚群：含有 90% 以上的钙长辉长无球粒陨石质物质和少于 10% 的辉橄无球粒陨石质碎屑。这个 9/1 的比率是一个任意的分界线，用来区分复矿角砾岩质钙长辉长无球粒陨石和与之密切相关的辉长角砾无球粒陨石，后者显示出更均匀分布的 Eucrites 和 Diogenites 碎屑。复矿角砾岩质钙长辉长无球粒陨石的玄武质碎屑中的辉石具有环带；而辉长角砾无球粒陨石中的辉石大多没有环带。

图 8.28　一块罕见的未角砾岩化的钙长辉长无球粒陨石，手标本下是显著的角砾岩特征，但在背散射电子图下却显示并未角砾岩化

Millbillillie 是收藏界常见的钙长辉长无球粒陨石。在岩相显微镜下观察到的板条状长石格外引人注目，大颗粒的灰白色板条状斜长石与易变辉石共生，岩石内部由很多火成岩的碎屑组成。不同种类的钙长辉长无球粒陨石很难辨别。1984 年在西澳大利亚的那拉伯平原被发现的 Camel Donga 钙长辉长无球粒陨石，与其他钙长辉长无球粒陨石不同，多数 Camel Donga 由于只有少量金属铁而只能被磁铁微弱地吸引，而岩石组成极其相似的 Millbillillie 陨石大多不会被磁铁吸引。陨石收藏家可以使用强磁铁进行粗略区分。

除了 1957 年在巴西米纳斯格拉斯附近降落的 Ibitira（有可能不是 HED 陨石）陨石外，多数的钙长辉长无球粒陨石都显示出冲击角砾岩化和熔融的历史，一些 Ibitira 的标本有堆晶结构，表明岩石是在熔融的岩浆中晶体稳定沉降形成的堆晶岩。Ibitira 是为数不多的具有气孔构造的钙长辉长无球粒陨石，其气孔平均直径为 1mm，气孔约占岩石体积的 5%。图 8.29 为 Camel Donga、Ibitira、Millbillillie 照片及南极陨石 EET 90020 显微照片。

图 8.29 a—Camel Donga（Eucrite-mmict）钙长辉长无球粒陨石个体，单矿角砾岩，亮黑色玻璃质熔壳；b—Camel Donga（Eucrite-mmict）切片，单矿角砾岩，可见金属锈点；c—Ibitira（Eucrite-mmict，有可能是 Achondrite-ung）切片，单矿角砾岩，可见气孔和残留熔壳；d—Millbillillie（Eucrite-mmict）单矿角砾岩，黑色角砾为辉长质巨晶；e—EET 90020 Eucrite（Unbrecciated）未角砾岩化薄片显微照片（+），可见自形程度较好的板条状的斜长石；f—EET 87532 Eucrite（Polymict）复矿角砾岩薄片显微照片（+），矿物组成主要为破碎的辉石和斜长石

（图片来源：https：//www.nasa.gov）

（8）Diogenites（辉橄无球粒陨石）

Diogenites 以公元前 5 世纪希腊哲学家 Diogenes 的名字命名，他被西方国家认为是第一个认为陨石来自地球以外的人。辉橄无球粒陨石在矿物学上属于单矿质岩石，主要由几乎纯的粗粒斜方辉石（富含铁的紫苏辉石和古铜辉石）、少量富含镁橄榄石和斜长石（钙长石）组成。图 8.30 为中国的 2 种辉橄无球粒陨石照片及特征描述。辉石通常是粗粒的，这表明辉橄无球粒陨石是在母体深部的岩浆房中缓慢冷却形成，冷却速率比

钙长辉长无球粒陨石要低，使得辉石能够形成相当大的晶体，尤其对 Tatahouine 陨石（图 8.33）来说更是如此。Tatahouine 以其绿色厘米级的辉石巨晶而闻名，其他辉橄无球粒陨石为单矿角砾岩或复矿角砾岩。辉橄无球粒陨石为粗粒或堆积的斜方辉石岩，通常为高度角砾岩化和强烈破碎的岩石，主要矿物为斜方辉石，但也含少量橄榄石、单斜辉石、铬铁矿、铁镍金属、陨硫铁等。图 8.31 为 NWA 7831 辉橄无球粒陨石描述。

图 8.30 a—Mazichuan（Diogenite），2016 年，目击降落在延安马子川的辉橄无球粒陨石断面微距照片，浅绿色矿物为紫苏辉石；b—Lop Nur 011（Diogenite），2018 年 11 月在新疆罗布泊发现，主要由斜方辉石组成，含有少量单斜辉石、铬铁矿和黄铁矿，没有发现斜长石、橄榄石和金属铁

图 8.31 NWA 7831（Diogenite），2013 年 3 月发现于西撒哈拉，样品几乎完全由黄绿色半透明的斜方辉石组成，含有少量星点状分布的细小无镍金属颗粒、黄铁矿、铬铁矿、斜长石和单斜辉石，次生浅橙色黏土状沉积物沿裂隙分布

Diogenite 的中文译名为古铜无球粒陨石（王道德等，2005；孙浅等，2013）或奥长古铜无球粒陨石（刘焘等，2008）。随着近年来在南极和非洲西北部沙漠地区发现陨石数量的快速增长，一些新发现的陨石归入 Diogenite 群，这些陨石中有纯橄榄岩

和方辉橄榄岩等特殊类型，显然主要矿物组成并非辉石和长石；而在已有的 Diogenite 群陨石中，斜方辉石中的辉石不但有古铜辉石，还有一部分为紫苏辉石。由此可见 Diogenite 的中文名称古铜无球粒陨石和奥长古铜无球粒陨石显然忽略了橄榄石可以作为 Diogenites 主要矿物的属性，也没考虑到紫苏辉石的存在，而奥长古铜无球粒陨石的定名将斜长石族矿物中的奥长石参与定名也显然是不合适的，因为奥长石在 Diogenite 中含量极少。目前国内对 HED 族陨石及下属的各种陨石类型定名尚未有专门的论述，按照岩石定名的规则，一般以主要矿物来参与定名，据此看来 Diogenite 应该可以定名为橄辉无球粒陨石，但这个定名与小行星成因的无球粒陨石中的橄辉无球粒陨石（Ureilite）有冲突（缪秉魁等，2010），为避免与 Ureilite 命名重复，又能体现其主要矿物组成，中文建议定名为“辉橄无球粒陨石”（陈宏毅等，2016），相比于奥长古铜无球粒陨石更符合岩石命名的原则，又方便记忆。图 8.32 为 Johnstown 陨石切面、Bilanga 陨石断面及显微照片；南极陨石 MIL07001 显微照片。

图 8.32 a—Bilanga（Diogenite）辉橄无球粒陨石；b—Johnstown（Diogenite）辉橄无球粒陨石，可见绿色的紫苏辉石斑晶，基质主要也由紫苏辉石组成；c—Bilanga（Diogenite）辉橄无球粒陨石，矿物组成主要为单斜辉石和斜方辉石，另外含有少量斜长石；d—南极回收的陨石 MIL 07001，Diogenite（Olivine），辉橄无球粒陨石（橄榄石），矿物组成主要为辉石，辉石对橄榄石形成包裹，构成嵌晶结构

（图片来源：https：//www.nasa.gov）

图 8.33 a—Tatahouine（Diogenite），1931 年目击降落在突尼斯，以绿色厘米级的辉石巨晶而闻名；b—一块新发现的复矿角砾岩型辉橄无球粒陨石，与辉长角砾无球粒陨石很相似，黑色部分为熔融脉，白色岩球为熔融残留物，矿物组成主要为辉石

8.4 火星和月球陨石

8.4.1 火星陨石（Martian）

火星陨石英文缩写为 SNC，分别指三种类型标本中每个名称的第一个字母："S"是以 1865 年在印度比哈尔邦附近的一颗陨石 Shergotty 命名，中文翻译为"辉玻无球粒陨石"；"N"代表 nakhlite，是 1911 年在埃及纳赫拉（Nakhla）坠落的类型标本，中文翻译为"透辉橄无球粒陨石"；"C"代表 chassignite，以 1815 年在法国 Chassigny 坠落的陨石命名，中文翻译为"纯橄无球粒陨石"。第四种类型的火星陨石是在南极 Allan Hills 发现的一颗特殊陨石，于 1984 年在南极被发现并命名为 ALH84001，这颗陨石是以斜方辉石为主要矿物的岩石，提取英文单词 Orthopyroxene 的首字母"O"，所以有时火星陨石也可以简称为"SNCO"。目前共有 227 块（可能有成对）已命名的火星陨石。

Shergottite 是一种演化程度很高的玄武质岩石，斜方辉石质的 Nakhlite 和纯橄堆晶岩 Chassignite 则代表同样演化程度的深成堆积物。SNC 陨石最初被归为 HED 族，但后来在确定其过于年轻的结晶年龄和独特的氧同位素分馏线后，又重新进行分类。

大多数 SNC 陨石与其他无球粒陨石相比非常年轻，结晶年龄在 13.5 亿年至 1.5 亿年之间，HED 族陨石的绝对年龄约为 45 亿年，即使年轻的月海玄武岩也显示出约 28 亿年的结晶年龄。结晶年龄表明 SNC 陨石形成于一直保持火山活动的母体，也表明 SNC 陨石的来源很可能是一颗已知的较大行星。根据研究表明太阳系内只有金星、火星和地球是地质运动活跃的星球，但可以很容易地排除地球是 SNC 陨石的来源，因为地球岩石的氧同位素分馏线与SNC陨石不重合。1980年，南极陨石Elephant Moraine 79001（也称作EET 79001）被确认为火星陨石（Shergottite），主要依据是这块陨石中包含的气体同位素组成与1976年登陆火星的“海盗号”探测器获得的火星大气气体同位素组成完全一致；其次是这块陨石岩石的结晶年龄只有13亿年。随后，研究人员又在把其他几个SNC陨石气体包裹体与火星大气的数据进行对比，证明了SNC陨石与火星的关联性，并让大多数科学家相信，SNC陨石实际上是我们的邻居火星的岩石样品。因此，SNC陨石也被称为火星陨石。

火星陨石具有重要的科学意义，因为它们代表了另一个星球可供研究的岩石样品。从地质学的角度来看，火星陨石提供了研究其他行星生命线索的机会。大多数火星陨石不仅含有含水矿物和水蚀变特征，而且有的火星陨石还含有微量的氨基酸。众所周知，氨基酸是构成生命的重要物质组成。此外，来自南极的ALH84001陨石甚至含有被一些研究人员解释为微体化石的微观结构，但这种结构很难排除存在地球污染的可能性，因此，“微体化石”的证据受到了其他科学家的强烈质疑，他们声称矿物质形成可能是产生这些奇怪结构的原因。

SNC陨石的4个群，即辉玻无球粒（Shergottites）、透辉橄无球粒（Nakhlites）、纯橄无球粒（Chassignites）、斜方辉石无球粒（Orthopyroxenites）。

（1）辉玻无球粒陨石（Shergottites）

辉玻无球粒陨石是火星陨石中数量最多的，是火星上形成的火成岩，比其他任何无球粒陨石都更像地球岩石，表现出异常年轻的结晶年龄（1.5~2亿年），通常表现出强烈的冲击变质特征，辉石、长石在偏光显微镜下表现出波状消光或马赛克消光，长石会转变为熔长石，这需要至少30GPa的压力。只有剧烈的撞击作用，才会把火星上的岩石以达到逃逸出火星的速度抛向太空，致使其脱离火星。一般的撞击事件难以产生如此巨大的能量，这也是火星陨石为何如此稀少的原因。1962年在尼日利亚降落的Zagami辉玻无球粒陨石的矿物晶体中可以观察到波状消光特征。图8.34为Shergotty、Tissint和Zagami等3种辉玻无球粒陨石个体及切面照片。辉玻无球粒陨石大多数都具有玄武质成分，易变辉石、普通辉石和熔长石作为主要矿物。辉玻无球粒可以细分为两个亚群，即玄武岩质辉玻无球粒陨石（Basaltic shergottites）和二辉橄榄岩质辉玻无球粒陨石（Iherzolitic shergottites）。图8.35~图8.37为非洲发现的辉玻无球粒陨石。

1）玄武岩质辉玻无球粒陨石（Basaltic shergottites），这个亚群主要是火山成因的玄武质岩石，主要由单斜辉石类（易变辉石和普通辉石 ）及斜长石（冲击产生的玻璃

图8.34 a、b—Shergotty(Martian，shergottite)辉玻无球粒陨石类型标本，切面可见灰白色板状辉石晶体；c—Tissint (Martian，shergottite) 2011 年 7 月 18 日在摩洛哥目击降落的辉玻无球粒陨石；d—Zagami (Martian，shergottite)，1962 年目击降落在尼日利亚的辉玻无球粒陨石

（图片来源：Norbert Classen）

图 8.35 NWA 12594 (Martian，shergottite)，新鲜的定向火星陨石，亮黑色玻璃质熔壳，熔流线十分发育，有定向卷边

图 8.36 NWA 13763（Martian，shergottite），这块陨石呈粗粒辉长结构，辉石具有结晶环带，斜长石全部熔长石化。主要成分为辉石和熔长石，含有少量的磷灰石和层状硅酸盐。外观与地球基性岩十分相似，在野外环境下极难辨认

图 8.37 a—NWA 12525（Martian，shergottite）；b—与 NWA 13250（Martian，shergotite）成对

或熔长石 ）组成，另外含有少量冲击熔融体、橄榄石、斜方辉石和氧化物、硫化物及磷酸盐等；结构从细粒到粗粒不等，有些样品显示出复杂的岩石组成，有一些武岩质辉玻无球粒陨石显示出水蚀变的特征，蚀变矿物以水合硅酸盐、碳酸盐或硫酸盐的形式存在。较低的 Mg 牌号（23 —52），表明它们是在分馏的岩浆中结晶，许多玄武岩

质火星陨石含有堆晶结构的辉石集合体，有时呈现出竹叶状结构，通常认为这些结构是在靠近火星地表的岩脉或熔岩流中的辉石经过堆积和塑性改造形成的。有一些玄武岩质火星陨石的斜长石含量较高，可能代表了火星岩浆成分的不均匀。Shergotty 陨石和 Zagami 陨石是典型的玄武岩质辉玻无球粒陨石。

2）二辉橄榄岩质辉玻无球粒陨石（lherzolitic shergottites），该亚组的成员为深成的超镁铁质堆积岩，类似于地球二辉橄榄岩和方辉橄榄岩。主要由中等粒度的橄榄石和铬铁矿嵌入巨大的斜方辉石晶体组成。二辉橄榄岩质辉玻无球粒陨石可能是岩浆房残余熔体的堆积物结晶而成，与玄武岩质辉玻无球粒陨石具有许多相同的矿物学和化学特征。二辉橄榄岩质辉玻无球粒陨石为镁质橄榄石 - 单斜辉石 - 铬铁矿等组成堆晶岩，并以易变辉石包裹橄榄石及铬铁矿构成嵌晶结构为特征，大颗粒辉石间由细粒富铁橄榄石、辉石、熔长石等充填。图 8.38 为回收的南极陨石 RBT04262 薄片显微照片。

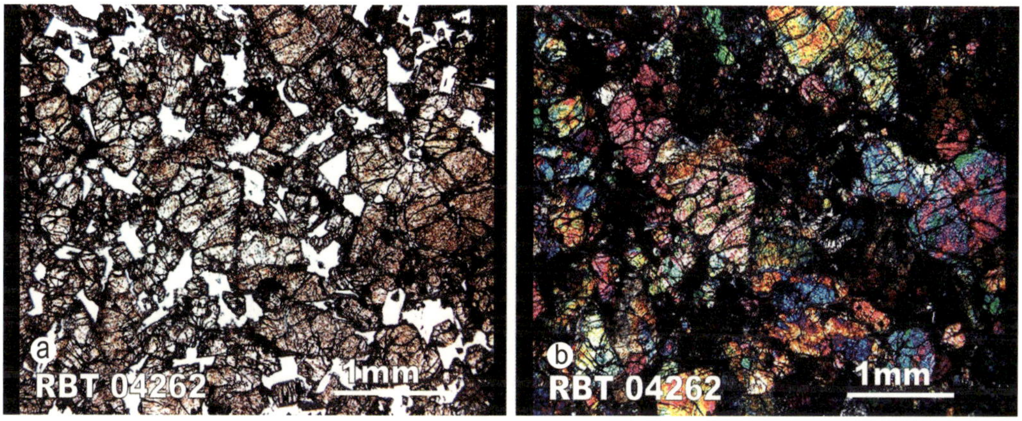

图 8.38 a—回收的南极陨石 RBT 04262，薄片显微照片（-），白色部分为熔长石，棕灰色部分为辉石；b—熔长石为均质体，正交偏光下消光，辉石呈现Ⅱ级干涉色

（图片来源：https://www.nasa.gov）

（2）透辉橄无球粒陨石（Nakhlites）

以埃及的埃尔纳赫拉坠落的 Nakhla 陨石（图 8.39）命名。透辉橄无球粒陨石为细 - 粗粒结构，主要由绿色辉石堆晶和少量橄榄石组成，还含有放射状斜长石晶体、易变辉石、铁普通辉石、钛磁铁矿、陨硫铁及稀少的富硅玻璃组成的填隙物质。水蚀变产物以水合矿物的形式存在，如角闪石、伊丁石、黏土矿物等。一些研究人员提出透辉橄无球粒陨石存在这些水合矿物，表明它们在液态水环境中存在过，可能是存在一个古老的火星洋。NWA 998 于 2001 年在摩洛哥发现，与 ALH 84001 一样，也存在类似化石的结构。

图 8.39 Nakhla（Martian，nakhlite）透辉橄无球粒陨石类型标本

（图片来源：Martin Horejsi）

透辉橄无球粒陨石结晶年龄在 13~14 亿年，有两种对立的理论用以解释 Nakhlites 的年龄，传统理论认为，Nakhlite 是在火星地壳深处的岩浆房中冷却形成的堆积物；图 8.40 为 Lafayette 和 Governador Valadares 透辉橄无球粒陨石照片。新理论认为，Nakhlite 起源于火星表面的熔岩流。而辉橄无球粒陨石发生水蚀变要晚得多，据黏土矿物的测年表明，其绝对年龄约为 7 亿年。

图 8.40 a— Lafayette（Martian，nakhlite）透辉橄无球粒定向陨石，放射状熔流线； b— Governador Valadares（Martian，nakhlite）透辉橄无球粒陨石切片，可以清晰地看到呈绿色的普通辉石矿物颗粒

（图片来源：Meteorite Collector.org – USNM – Smithsonian；Norbert Classen）

与辉玻无球粒陨石和纯橄无球粒陨石不同，透辉橄无球粒陨石只显示轻微的冲击痕迹。图 8.41 为回收的南极陨石 MIL 090136 薄片显微照片。

图 8.41 a—回收的南极陨石 MIL 090136，薄片显微照片（-）；b—回收的南极陨石 MIL 090136，薄片显微照片（+），矿物组成主要为普通辉石和少量橄榄石

（图片来源：https：//www.nasa.gov）

（3）纯橄无球粒陨石（Chassignites）

以 1815 年降落在靠近法国 Haute-Marne 省 Chassigny 村的目击陨石命名。作为早期发现的一块目击陨石，是第一批被西方国家认为真正来自太空岩石之一。Chassigny 是一种堆积岩，类似于地球纯橄岩（图 8.42），由约 91% 的富铁橄榄石、5% 的单斜辉石、1.7% 的斜长石、1.4% 的铬铁矿、0.3% 的熔融包裹体以及其他副矿物组成。熔融包裹体中含有微量角闪石，裂隙内的裂缝中充满碳酸盐和硫酸盐，存在轻微水蚀变，是在相对较高的氧化条件下形成的岩石。

图 8.42 Chassigny（Martian，chassignite）纯橄无球粒陨石，为火星的纯橄榄堆晶岩

（图片来源：Norbert Classen）

Chassigny 显示出典型的氧同位素组成，将其清楚地置于 SNC 区域内。其结晶年龄为 13.6 亿年，其化学组成和同位素特征表明，纯橄无球粒陨石与辉玻无球粒和透辉橄无球粒陨石之间存在着密切的关系，并表明共同起源于火星上共同的岩浆。然而，纯橄无球粒陨石含有的稀有气体值与其他 SNC 陨石或火星大气中发现的值完全不同，有人怀疑这些气体可能来自火星地幔，表明火星地壳形成了裂谷，导致地幔物质溢出。图 8.43 和 8.44 为 NWA 2737 纯橄无球粒陨石切面、颗粒及薄片显微照片。

图 8.43　NWA 2737（Martian，chassignite）纯橄无球粒陨石，冲击变质等级很高（S5），橄榄石为蓝黑色，灰白色的矿物为单斜辉石

（图片来源：Volker Heinrich/Michael S. Scherman）

图 8.44　a—NWA 2737 显微照片（-），橄榄石呈现红棕色，冲击裂隙发育，辉石为灰白色；b—NWA 2737 显微照片（+），橄榄石干涉色高于辉石，含有少量斜长石

（图片来源：Solar Anamnesis）

（4）方辉无球粒陨石—ALH 84001

以南极陨石 ALH 84001 命名。ALH 84001 陨石是南极科考队员 Roberta Scorez 于 1984 年 12 月 27 日收集的陨石，研究人员看到了这块岩石上的绿色矿物颗粒，认为是紫苏辉石，于是将这块陨石归类为 HED 族的辉橄无球粒陨石（Diogenite），然后一直存放在休斯敦约翰逊航天中心，直到 1993 年 David Mittlefehldt 仔细观察这块陨石时，发现这块陨石的结构与辉橄无球粒陨石有所不同。进一步的研究表明，该陨石与火星陨石有关，是一个新的火星陨石类型。

1994 年，美国南极陨石回收团队以 David S. McKay 和 Everett K. Gibson，Jr 为首的 9 位陨石研究人员，研究了隐藏在 ALH 84001 绿色晶体中的奇特结构，发现碳酸盐沉积物与磁铁矿和硫化亚铁关系不大。研究小组经过两年的紧张研究，于 1996 年 8 月 7 日向世界宣布，它们找到了 ALH 84001 陨石中生物存在的证据，其中最主要的证据是碳酸盐沉积物中含有多环芳烃等有机物。同时，在 McKay 的论文中指出，他们在这块陨石中找到了纳米级的细菌化石，但随后也引来了很多研究人员的反对，争论一直持续至今。

不论 ALH 84001 中独特的结构是否是火星原始细菌，但这块陨石开启了天体生物学研究的大门。

ALH 84001 是一个独特的火星堆积成因的斜方辉石岩，其结晶年龄约为 45 亿年，因此，它是古火星地壳的碎片。ALH 84001 矿物组成主要为；斜方辉石晶体（96%），铬铁矿（ 2% ）、斜长石（熔长石 1 % ）、极少量的磷酸盐及副矿物橄榄石、普通辉石、黄铁矿及碳酸盐等。图 8.45 和图 8.46 为 ALH 84001 个体、偏光显微镜及扫描电镜照片。

图 8.45　ALH 84001 陨石，质量 1931g

图 8.46 a—ALH 84001 陨石薄片显微照片（+），棕色的圆形细粒碳，形似细菌化石的物质就在这些黄棕色的碳团粒内部；b—ALH 84001 陨石薄片显微照片（+），岩石主要由低钙斜方辉石组成，含有少量普通辉石和熔长石；c、d—ALH 84001 陨石扫描电镜照片，显示与微生物化石相似的外形，引起了研究宇宙生命科学的热潮

（图片来源：https：//www.nasa.gov）

8.4.2 月球陨石（Lunar）

月球岩石样品来源主要有两个，一是从月球表面带回，图 8.47 为阿波罗 16 号飞船带回的月球原始高地斜长岩及其薄片显微照片。二是陨落到地球表面的月球陨石。从岩石和化学成分来看，月球陨石主要有三种单元类型：①角砾岩化斜长岩，具有高的 Al_2O_3（26%~31%），低的 FeO（3%~6%），低的不相容元素 Th<1μg/g）等特征；②玄武岩和角砾岩化玄武岩，具有高的 FeO（18%~22%），中度低的 Al_2O_3（8%~10%），不相容元素（Th：0.4~2.1μg/g）；③苏长质成分的冲击熔融角砾岩（Al_2O_3；16%，FeO；11%）不相容元素（Th：33μg/g），因此这类岩石也被称为克里普岩（KREEP），美国的 Apollo 飞船及前苏联的 Luna 飞船从月球上带回的岩石样品大多都富 KREEP，也有人认为飞船在月球上采集的岩石样品，由于采集的区域过小，没有足够的代表性，而月球陨石由于来源相对广泛，因此更具代表性。

图 8.47 a—阿波罗 16 号飞船带回的月球原始高地斜长岩；b—阿波罗 16 号飞船带回的月球原始高地斜长岩薄片显微照片（+），主要矿物组成为斜长石及少量辉石

月球陨石的分类，通过其所含的矿物、结构、岩石学及化学成分来进行划分，不同的划分方案有时很混乱，地球化学家划分为长石质和富铝岩石；而岩石学家会划分为斜长岩或表土角砾岩。

构成月球表面的基本岩石构造单元有三个：分别是月海玄武岩区，主要由月海玄武岩和克里普岩组成；高地岩石主要由斜长岩和富镁岩套组成；南极－艾肯盆地地区，主要由玄武岩富镁岩套组成。本书将月球陨石分为四个群：即高地斜长岩、月海玄武岩、混合角砾岩，克里普岩。

（1）高地斜长岩（Highland Anorthosite）

是高地月球岩石的主要类型，它们是单矿物火成岩，主要由钙长石组成，只有少量辉石和橄榄石，富铝贫铁，副矿物有透辉石质的普通辉石和微量的紫苏辉石、钛铁矿和氧化硅，化学成分上富钙和铝。高地斜长岩的形成年龄很老，同位素年龄 41 亿 ~45 亿年，在月球上，高地岩石的 75%~80% 是表土角砾岩。有研究认为，高地斜长岩开始是粗粒深成岩，分布于月球两侧的原始高地，随着时间的推移，这些斜长岩被风化，形成了表土角砾岩。大多数月球陨石为复矿表土角砾岩，这些岩石由大量的白色斜长岩碎屑和少量的玄武质暗色碎屑组成，混有玻璃质碎屑、固化的黑色岩石粉末等。这些表土角砾岩还含有许多陨石撞击物质的残留，表现出强烈的冲击变质、部分熔融和重结晶特征，含有太阳风注入的稀有气体。图 8.48 至图 8.51 为南极和非洲发现的月球斜长角砾岩个体及切面照片。

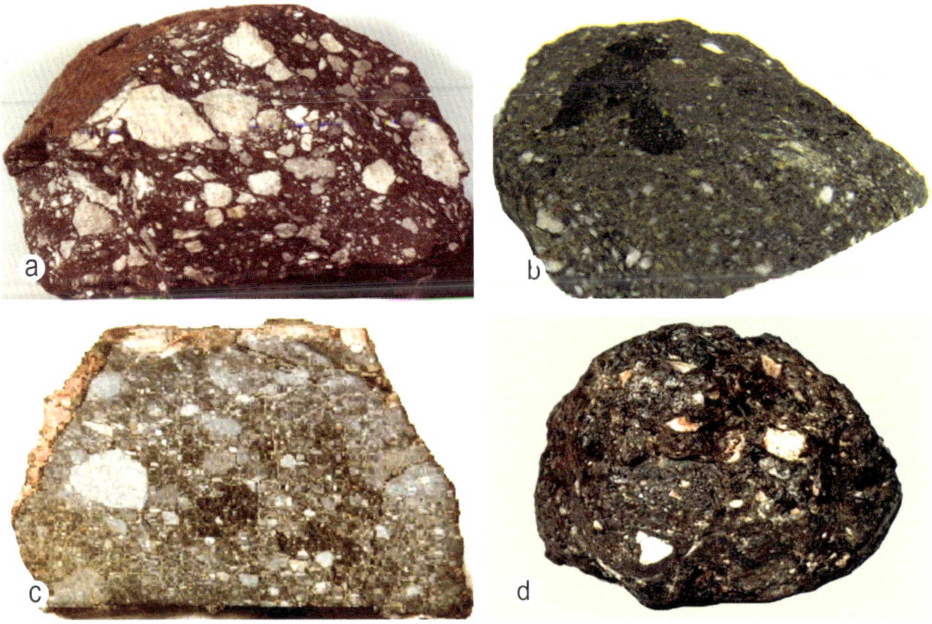

图 8.48 a—ALH 81005（Lunar-Anorth. Breccia），第一个确认的月球陨石，斜长角砾岩；b—EET 87521（Lunar-Anorth. Breccia）斜长角砾岩；c—DaG 262（Lunar-anorth）高地斜长表土角砾岩，浅色为斜长角砾，黑色的玄武岩角砾，图片显示这个切片与 DaG 400 是同一块陨石的切片，可能是重复申报命名的陨石或图片录入错误；d—Dhofar 280（Lunar-anorth）斜长角砾岩，保留有亮黑色的玻璃熔壳

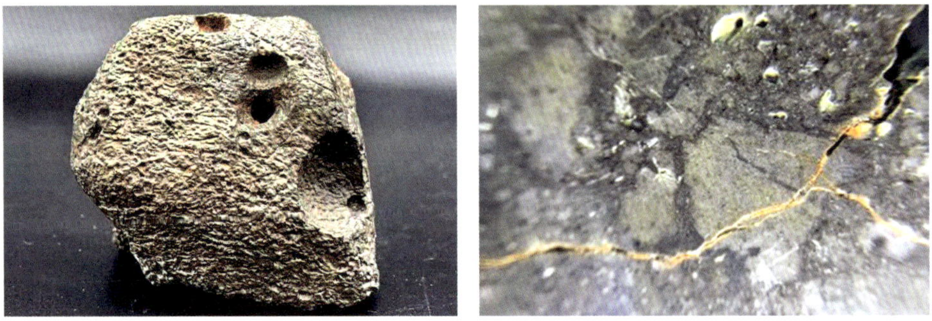

图 8.49 Lahmada 020（Lunar，feldsp. breccia），斜长角砾岩个体及切片，含有斜长石、辉石和橄榄石晶屑，基质细粒且含有气孔（图片来源：Aziz Habibi）

图 8.50 a—NWA 13676，是一块强烈暗化的月球陨石；b—正在测试命名的月球陨石，熔融基质中含有稀疏的矿物碎屑，基质中含有气孔，基质裂隙中含有金属及陨硫铁。右图陨石的凹坑可能为原始气孔，岩石外观与地球岩石没有区别

图 8.51 a—月球斜长角砾岩典型切面，白色部分岩屑为斜长质，黑色基质为玄武质，基质有时有明显暗化；b—NWA 12788（非官方命名）（Lunar，feldsp. breccia），主要由长石碎屑和冲击熔脉及少量橄榄石、辉石碎屑组成

（2）月海玄武岩（Mare basalt）

月海玄武岩是月球盆地的主体岩石，图 8.52 为阿波罗 15 号带回的月海玄武岩样品。岩石特征为：斜长石和辉石构成的细粒基质中含有橄榄石、辉石斑晶，副矿物包括铬铁矿、钛铁矿、磷灰石、钛铁矿及少量镍铁金属。月海玄武岩比高地斜长岩更年轻，是月球火山喷发形成的岩石，月海大多位于月球的正面，在地球观察到的“月球人脸”黑色部位就是玄武岩盆地。2000 年 11 月在摩洛哥 Khter n'Ait Khebbach 附近发现的 NWA 032 及其配对 NWA 479，属于除南极外较早发现的月海玄武岩。图 8.53 为非洲发现的 2 种月球玄武岩质陨石切面照片。最近的研究表明，月海玄武岩结晶于 28 亿年前，为月球较长时间内持续的火山活动提供了证据。图 8.54 为南极陨石 LAP 02205、MIL05035 个体及偏光照片、背散射电子图、X 射线假彩色合成图。

图 8.52 a—阿波罗 15 号带回的月海玄武岩样品，编号 15529；b—阿波罗 15 号带回的月海玄武岩样品，编号 15499，单从外观来看与地球上的玄武岩十分相似

图 8.53 a—Dhofar 925（Lunar，basalt），冲击熔融角砾岩，大量晶屑和岩屑分布在冲击熔融的基质中，岩屑主要是斜长质、苏长 - 辉长质岩石；b—NWA 479（Lunar，basalt），橄榄石、辉石及铬铁矿作为斑晶出现在斜长质基质中，未发生强烈角砾岩化，属于保持原始特征的月海玄武岩

图 8.54 a—LAP 02205（Lunar–Basalt）玄武岩；b—MIL05035（Lunar–Basalt）玄武岩；c—LAP 02205 薄片显微照片（-），白色部分为熔长石，棕灰色为辉石；d—LAP 02205 薄片显微照片（+）辉石和长石都具有板柱状双晶；e—MIL 05035（Lunar–Basalt）背散射电子图；f— MIL 05035（Lunar–Basalt）X 射线假彩色合成图

（图片来源：https：//www.nasa.gov）

（3）混合角砾岩（Mingled breccia ）

鉴于月球不断经受撞击的历史，多数月球岩石都属于角砾岩，混合角砾岩一般含有高地斜长岩和月海玄武岩的碎片，灰白色的斜长质晶屑、岩屑分布于暗黑色的基质中，含有大量橄榄石、辉石和斜长石晶屑；斜长岩和玄武质碎屑，副矿物主要有;金属铁、钛铁矿、铬铁矿、二氧化硅和钛铁矿等。Calcalong Creek 陨石（图 8.55）归类为混合角砾岩，它由大约 50% 的高地斜长岩、20% 的克里普玄武岩和 15% 的低钛月海玄武岩以及其他典型的月海来源矿物组成。Calcalong Creek 可以看作是高地斜长岩和月海玄武岩风化层之间的过渡样品。最近的研究表明，它可能形成于月球高地和风暴洋之间。

图 8.55 Calcalong Creek，Lunar，月海玄武岩和高地斜长岩组成的混合角砾岩

（4）克里普岩（KREEP）

这种岩石是一种非常特殊的月球岩石，最早在阿波罗（Applo）12 号，12013 号样品中发现，是由富斜长石的岩石部分熔融产生的，岩石中的钾（K）、稀土（REE）和磷（P）含量高的，KREEP 岩因此而得名。Th、U、Ba、Sr 和稀土元素至少比球粒陨石高 5 倍，由于 Applo 采集的样品中很多冲击角砾岩富集 Th、REE，并趋向富集所有不相容元素，KREEP 岩大多为角砾岩或玄武岩的填隙物，以孔隙间的玻璃呈现，主要组成矿物包括斜长石和辉石（斜方辉石、易变辉石、高钙辉石）有时还有钾长石和石英，副矿物包括独居石，锆石、磷灰石，在 Appllo 14 号的岩石样品中，还发现了花岗岩，高铝高钛的玄武岩及较高丰度 KREEP 的斜长岩和橄长岩，以上发现更加证实了月球岩石中存在着分异程度较高的残留熔体。

大多数的月球陨石，相对于Apllo和Luna飞船采回的月壤样品显著亏损KREEP，图8.56为球粒陨石标准化的Apollo样品及KREEP稀土元素蛛网图。月球的U、Th、K探测结果分布图显示，Apllo和Luna飞船样品采集的地区恰好是KREEP富集区。图8.57为阿波罗飞船带回的KREEP岩石样品和Sau 169月球陨石。

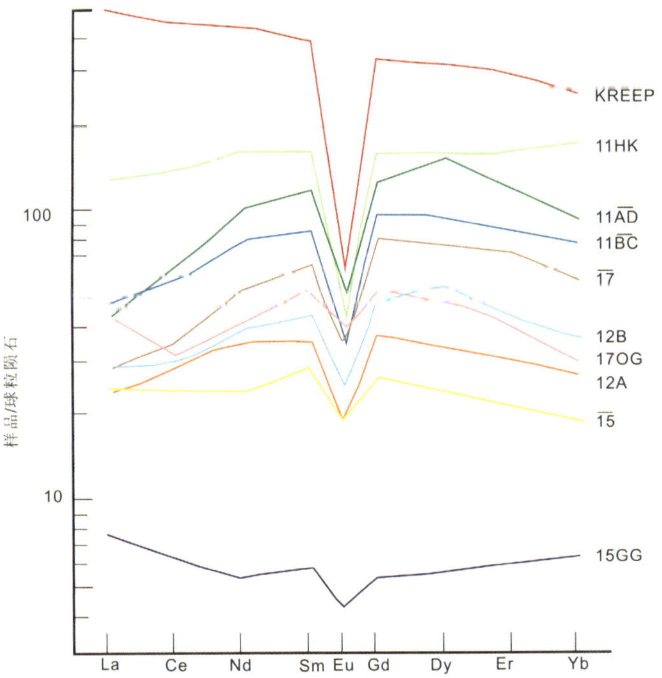

图8.56 球粒陨石标准化的Apollo样品及KREEP稀土元素蛛网图，可以看出KREEP具有较高的稀土元素含量，月球岩石样品稀土元素蛛网图为平坦型的，具有明显的Eu亏损特征

图8.57 a—Apollo飞船带回的KREEP岩石样品（编号：12013）；b—Sau 169月球陨石，富含KREEP的月球陨石样品

8.5 石铁陨石

陨石学家曾经把陨石划分为三个主要类别：石陨石、铁陨石和石铁陨石。虽然可以将大多数陨石按质地进行区分，但这种划分显得过于简单，适用范围有限。因为在太阳系形成的早期，热变质作用导致一些质量较大的小行星母体从原始的球粒陨石质母体中演化出了较多的岩石类型，那些熔融程度较低的陨石类型，如Acapulcoites、

Lodranites 及 Winonaites 等原始无球粒陨石，金属和硅酸盐并没有完全分离，熔融程度更高的球粒质母体则失去了原有的特征。

除特殊情况外，石铁陨石由近乎等比例的铁和硅酸盐组成，可分为两大类，即橄榄陨铁和中铁陨石；橄榄陨铁是在熔融或分异的小行星母体的金属内核和硅酸盐地幔之间的过渡层形成。中铁陨石由近乎等比例金属和硅酸盐构成。多数学者认为中铁陨石是通过冲击熔融形成的，是早期太阳系中剧烈碰撞的结果，代表了众多不同母体样品的混合。

8.5.1 橄榄陨铁（pallasite）

橄榄陨铁是最常见的石铁陨石之一，现有 135 种。英文名称“pallasite”以德国博物学家彼得·西蒙·帕拉斯（Peter Simon Pallas）命名的。在 18 世纪后期，他受俄国皇帝卡塔琳娜大帝的邀请，探索西伯利亚的广大地区。1772 年，在一次旅行中他研究了一个大型铁块，这个铁块早先在克拉斯诺亚尔斯克附近的山区被发现。在铁质基质中的大颗橄榄石晶体引起了帕拉斯的注意，他在一份报告中描述了这一不同寻常的发现，但他却不知道这是一块来自太空的岩石，后来陨石学家证明了这个铁块是一块橄榄陨铁，并把所有类似的石铁陨石都以“帕拉斯”铁来称呼。图 8.58 为 2020 年西藏发现的橄榄陨铁。

图 8.58 Gyarub Zangbo（Pallasite），2020 年陨石爱好者报告称在西藏新发现的一种橄榄陨铁

现代陨石学家使用术语“pallasite”来描述石铁陨石的结构类别，这类陨石在镍铁基质中包含丰富的硅酸盐矿物颗粒。通常情况下，硅酸盐中含有较大的橄榄石晶体，通常具有宝石品质。这些橄榄石使橄榄陨铁成为已知的最吸引人的陨石，经切割和抛光处理的橄榄陨铁薄片在陨石收藏家中备受追捧。有时在首饰中也会使用橄榄陨铁或其中的橄榄石。

根据起源和形成历史，将橄榄陨铁视为来自分异小行星的核幔边界的样品，橄榄陨铁与一些铁陨石群之间存在着密切的联系。酸蚀后，在抛光的橄榄陨铁切片中较大的金属部分通常会显示出典型的维斯台登纹（Widmanstätten Pattern）。此外，橄榄陨铁还显示出与某些铁陨石群化学组成及同位素相关的特征，从而将其起源与某些化学群的铁陨石联系起来。

橄榄陨铁分为三个不同的亚群：①主群橄榄陨铁；② Eagle Station 橄榄陨铁；③辉石橄榄陨铁。

（1）主群橄榄陨铁

在镍铁基质中包含数量不等的富镁橄榄石晶体，通常的橄榄石与金属的体积比为2比1。橄榄石晶体的典型直径为0.5~2 cm，镍铁基质在蚀刻后显示中等八面体结构（Om），铁纹石带宽为0.5~1.3mm，金属和橄榄石之间的边界区域通常包含副矿物，如陨磷铁镍矿、陨硫铁和铬铁矿等。主群橄榄陨铁的镍－铁金属的元素和氧同位素组成与IIIAB群铁陨石的值很相似，表明它们可能具有共同的母体。著名的主群橄榄陨铁有：阜康（Fukang）、布伦纳姆（Brenham）、布雷欣（Brahin），伊米拉克（Imilac），以及最美丽的恩斯库尔（Esquel）。目前只有三次目击降落的橄榄陨铁：1902年在俄罗斯目击降落的Marjalahti、1826年在意大利目击降落的Mineo和1981年在俄罗斯目击降落的Omolon。图8.59至图8.61为7种主群橄榄陨铁照片及简要描述。

图8.59 a—Brahin（Pallasite，PMG）；b—Brenham（Pallasite，PMG）；c—Esquel（Pallasite，PMG）；d—Seymchan（Pallasite，PMG）；e—Imilac（Pallasite，PMG）；f—Sericho（Pallasite，PMG）主群橄榄陨铁

图 8.60 Fukang（Pallasite，PMG）阜康橄榄陨铁，长 100cm，最宽部位 55cm，密度 5.7g/cm^3，重 1003kg，是最美丽的橄榄陨铁之一，2000 年发现于中国，后被走私出境，2005 年出现在美国亚利桑那州图森展会，切片销售，广受世界陨石收藏家喜爱

图 8.61 Huckitta（Pallasite，PMG–an），1924 年发现于澳大利亚，为异常型主群橄榄陨铁，切面与中铁陨石很相似

（2）Eagle Station 橄榄陨铁

这个群以 1880 年在肯塔基州 Eagle Station 附近找到的一块橄榄陨铁命名。图 8.62 和图 8.63 为蒙古发现的橄榄陨铁及 Eagle Station 橄榄陨铁类型标本照片。目前只有 5 个样本，含有强烈破碎的富铁橄榄石，并与镍 – 铁基质中那些细小且不规则的橄榄石碎片混在一起，金属镍含量比其他任何橄榄陨铁都高。与主群橄榄陨铁一样，副矿物

以陨硫铁、陨磷铁镍矿和铬铁矿的形式存在。Eagle Station 橄榄陨铁的铁元素和氧同位素组成与 IIF 群铁陨石相似，它们可能起源于共同的母体。Eagle Station 橄榄陨铁的同位素特征与 CO/CV 群碳质球粒陨石之间存在关联。这些数据表明，IIF 群铁陨石和 Eagle Station 橄榄陨铁的母体可能起源于 CV 群碳质球粒陨石母体形成的同一星云区域。

图 8.62　产自蒙古的一块橄榄陨铁，切片可见黄绿色橄榄石颗粒，橄榄石与铁镍金属比为 3/7，初步测试为 Eagle Station 橄榄陨铁

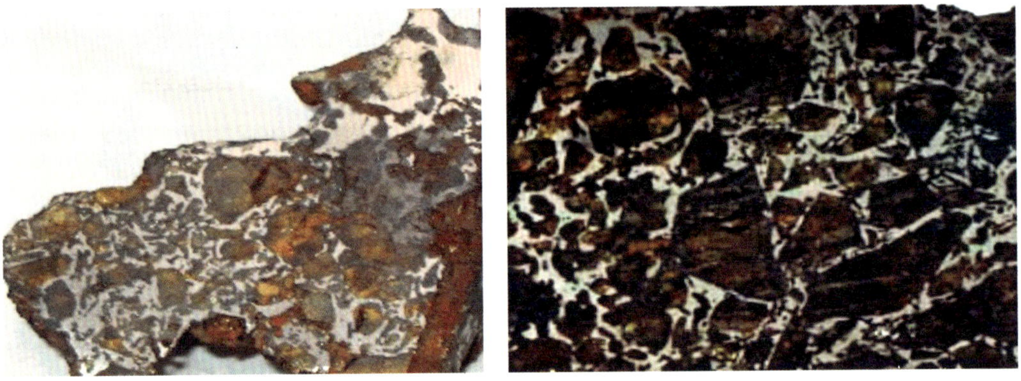

图 8.63　Eagle Station 橄榄陨铁，相比于主群橄榄陨铁，橄榄石中富含二价铁离子

（3）辉石橄榄陨铁

国际陨石学会将富含辉石的橄榄陨铁统一归类为橄榄陨铁 – 未分组（Pallasite-ung），但考虑到这个亚群很有代表性，本书中依然保留。前人研究认为辉石 – 橄榄陨铁亚群由 Yamato 8451，NWA 1911，Vermillion 和 Zinder 四个陨石构成（图 8.64），它们含约 14%~63% 的橄榄石、30%~43% 的金属、0.7%~3% 的辉石，0%~1% 的陨硫铁及少量白磷钙矿，毫米级的辉石可与主群和 Eagle Station 橄榄陨铁亚群进行区别。金属和氧同位素组成不同于主群橄榄陨铁，元素组成相似但不同于主群橄榄陨铁。辉石橄榄陨铁与其他铁陨石群未显示相关性，因此可能代表一个未知的小行星母体的碎片。图 8.65 为回收的南极陨石 MIL 090002 橄榄陨铁个体及光片显微照片。

图 8.64 a—Zinder（Pallasite），辉石橄榄陨铁，主要由斜方辉石、橄榄石和铁镍金属组成，含有少量硫化物和铬铁矿；b—NWA 1911（Pallasite），富辉石橄榄陨铁，矿物组成及含量：斜方辉石（34.5%）、橄榄石（40.2%）、金属（24.3%）、陨硫铁和铬铁矿（1%）

图 8.65 a—回收的南极陨石 MIL 090002，橄榄陨铁，可见黄绿色的橄榄石晶体；b—MIL 090002，光片显微照片（反射光），可见铁纹石纽曼线

（图片来源：https://www.nasa.gov）

8.5.2 中铁陨石（Mesosiderite）

中铁陨石以希腊语命名“ mesos”意为“中”或“半”sideros 意为“铁”，中铁陨石是典型的石铁陨石，大多数中铁陨石由大致等比例的铁镍金属和硅酸盐构成。是由镍 - 铁金属和强烈角砾岩化的硅酸盐碎屑混合而成的复矿角砾岩。硅酸盐主要以斜方辉石、斜长石和钙长辉长无球粒陨石质为主。中铁陨石的硅酸盐是强烈分异的火成岩，代表了无球粒陨石质母体的地壳，与 HED 族陨石组成非常相似，甚至具有相同的氧同位素分馏线；中铁陨石的铁镍金属与 IIIAB 铁陨石密切相关，显然代表了一个分异的小行星的地核，但在演化特征上与 HED 族陨石无关。这表明中铁陨石及其母体复杂的形成历史。有理论认为，它们是由两颗分异的小行星碰撞形成的，一颗小行星仍然处于液态的核与另一颗小行星已经固化的地壳混合，这种推测说明至少有一颗小行星被碰撞破坏并在引力下重组 - 后来成为中铁陨石的母体。中铁陨石中常缺失其他陨石中经常出现的矿物橄榄石，具体原因尚待探索研究。研究人员根据矿物学、化学成分和硅酸盐的结构将中铁陨石分类，这些类型可能反映它们起源于母体的不同深度。

图 8.66 和图 8.67 为 1995 年 9 月 7 日目击降落在东乌珠穆沁旗的中铁陨石个体照片及背散射电子图。

图 8.66 Dong Ujimqin Qi（Mesosiderite），东乌珠穆沁旗中铁陨石外观及表面微距照片

中铁陨石的硅酸盐岩屑主要是玄武质及辉石岩，也含有少量橄榄岩和斜长岩，晶屑主要是斜方辉石、橄榄石及斜长石等，图 8.68 至图 8.70 为 5 种不同的中铁陨石切面照片。根据斜方辉石的含量将中铁陨石细划分为 3 种类型，即 MES-A、MES-B 、MES-C。斜方辉石的含量从 A-B-C 逐渐增高。中铁陨石所含硅酸盐的变质程度可以分为 4 个等级；其中变质程度最低的为 1 级，2、3 级以基质重结晶为特征，4 级变质程度最高（为熔体 - 基质角砾岩）。图 8.71 为南极回收的 EET87501 中铁陨石及其显微照片。

图 8.67 a—Dong Ujimqin Qi（Mesosiderite），东乌珠穆沁旗中铁陨石个体；b—东乌珠穆沁旗中铁陨石切片，亮白色为金属，黑色为硅酸盐；c、d—东乌珠穆沁旗中铁陨石背散射电子图

Ol—橄榄石；Px—辉石；Pl—斜长石；Fe-Ni—铁镍金属；sulf—硫化物

图 8.68 a—Estherville（Mesosiderite-A3/4），中铁陨石切片；b—NWA 2932（Mesosiderite），中铁陨石切片，含有富铁镍球状集合体，其内部硅酸盐可能为辉橄无球粒陨石质碎屑；c—Vaca Muerta（Mesosiderite-A1），中铁陨石切片，曾为 Robert-Haag 藏品，内部大角砾类似钙长辉长无球粒质组成，切片灰绿色调是因为树脂涂层；d—Vaca Muerta（Mesosiderite-A1），中铁陨石尾切，该切片无树脂涂层

图 8.69 Bondoc（Mesosiderite-B4），1956 年发现于菲律宾的中铁陨石，图中两块陨石切面呈现出不同的特征，左侧的一块金属含量低且角砾岩化强烈，右侧一块金属含量高，细小的硅酸盐均匀分布在金属基质中

图 8.70　Youxi（Mesosiderite–C），尤溪中铁陨石切片，2006 年发现于福建尤溪，为罕见的 MES–C，硅酸盐中主要为斜方辉石，斜长石和橄榄石含量较低

图 8.71　a—南极回收的 EET 87501 中铁陨石，金属颗粒较小；b—EET 87501 显微照片（RL），亮白色部分为金属，青灰色部分为硅酸盐；c—EET87501 显微照片（+），硅酸盐主要组成矿物为斜长石和辉石；d—EET 87501 显微照片（–），黑色不透明部分为金属，灰白色部分为硅酸盐

（图片来源：https://www.nasa.gov）

8.6 铁陨石

在系统回收沙漠和南极的陨石之前，大多数发现的陨石都是铁陨石。图 8.72 为产自西北非的几块铁陨石，已经形成古铜色的外皮，因为由金属组成且非常沉重，即使是普通人也能从岩石中将它们分辨出来。此外，大多数铁陨石抗风化能力很强，这使它们比其他类型的陨石在地球环境中保存更长的时间。通常情况下，铁陨石母体比石陨石或石铁陨石要大得多，在穿过地球大气层后可以保留更多的质量。把所有发现的铁陨石加在一起，已知的总质量超过 1000 吨，它们的总质量约占所有已知陨石总质量的 89.3%，尽管总质量较大，铁陨石仍然是非常罕见的，目前只占陨石总数量的 2.02%。

图 8.72 产自西北非的铁陨石，表面风化形成灰黑色或古铜色包浆，古铜色的铁陨石被国外陨石商人称为“黄金铁”，不过这种“黄金铁”已经有酸洗后电镀的造假产品流入市场

铁陨石主要由镍铁金属构成，大多数铁陨石只含有少量的副矿物。副矿物常出现在由陨硫铁或石墨组成的圆形包体中，而包体通常会被陨磷铁镍矿和陨碳铁矿包裹。尽管有些铁陨石含有硅酸盐包裹体，但大多数铁陨石的表面特征基本相同。

铁陨石目前有两种既定的分类系统。以前铁陨石只根据其抛光表面酸洗后呈现的结构进行分类，根据结构特点将铁陨石分为三类：即八面体、六面体和无结构铁陨石。现代铁陨石分类使用了高精度实验仪器，如电子探针和电感耦合等离子质谱仪等，这些设备使我们能够检测到微量元素，如 Ge、Ga 或 Ir 等；根据这些微量元素的含量及其与镍含量的相关性，可以将铁陨石分为不同的化学群，每一群被认为是一个独特的母体。铁陨石中的镍铁金属以两种不同的合金形式存在；最常见的合金是铁纹石

(Kamacite)，源于希腊语“beam”一词。铁纹石中含有 4%~7.5% 的镍，它在铁陨石的酸蚀表面表现为条带状的大晶体。另一种合金被称为镍纹石（taenite），源于希腊语中的“ribbon”一词，镍纹石通常含有 27%~65% 的镍，在酸蚀的铁陨石表面表现为亮度略高于铁纹石的条带。根据酸蚀铁陨石显示的特征性结构，将铁陨石按结构分为八面体铁陨石、六面体铁陨石和无结构铁陨石。

8.6.1 铁陨石结构分类

（1）八面体铁陨石（Octahedrites）

铁陨石酸蚀表面上最常见的结构是铁纹石与镍纹石以不同角度共生形成神奇的花纹，这种花纹被称为维斯台登纹（Widmanstätten figures），以纪念 1808 年 Alois von Widmanstätten 伯爵使用本生灯加热铁陨石切片时意外生成了这种八面体花纹。这种共生是铁、镍纹石在空间上以八面体的形式进行排列，因此，具有这种结构的铁陨石被称为八面体铁陨石。较大的铁纹石条带之间的空隙通常被镍纹石和条带或细粒铁、镍纹石混合物填充，细粒的铁、镍纹石称为合纹石。八面体铁陨石根据铁纹石的带宽分为最粗八面体、粗粒八面体、中粒八面体、细粒八面体、极细粒八面体及合纹石八面体等六个亚群，每个亚群与铁陨石的特定化学类别存在一定的相关性。六个亚群分别为：Ogg- 最粗八面体、Og- 粗八面体、Om- 中粒八面体、Of- 细粒八面体、Off- 极细粒八面体、Opl-Plessitic 过渡体（合纹石）八面体。一般来说，最宽的铁纹石带具有最小体积的镍，但每个亚群的镍含量数值存在重叠。合纹石是一种细粒的铁纹石和镍纹石混合物。当镍含量达到约 13% 时 Widmanstätten 结构转变为过渡结构，镍含量超过 16% 时为富镍无结构，但个别铁陨石镍含量 20% 以上仍为合纹石八面体结构（如火焰山铁陨石）。图 8.73 至图 8.75 为 6 种铁陨石个体及切面酸洗后照片。

图 8.73 a—Arispe，IC，铁陨石切片，粗粒八面体，铁纹石带宽平均 2.9mm；b—Campo del Cielo，IAB-MG，粗粒八面体，铁纹石带宽平均 3.0mm

图 8.74 Tuya 008，ⅢAB 铁陨石，2020 年在新疆罗布泊新发现的铁陨石，表面已经形成一层光滑的风化皮壳

图 8.75 a—Armanty（Iron，Ⅲ E-an），重 28 吨，是中国最大铁陨石，单体重量当前在世界排名第五；b—阿勒泰Ⅲ E-an，铁陨石切片，中粒八面体结构，铁纹石带宽 0.5~1.3mm；c—Cape York，Ⅲ AB 铁陨石切片，中粒八面体结构，铁纹石带宽平均 1.2mm；d—Gibeon，IVA 铁陨石切片，细粒八面体结构，铁纹石带宽 0.3~0.5mm

（2）六面体铁陨石（Hexahedrites）

六面体铁陨石主要由铁纹石组成，因其晶体结构按六面体的空间形态排列而得名。纯铁纹石为等轴晶系，会形成立方体晶体，六面体实际上就是较大的铁纹石晶体。用酸蚀刻之后，六面体铁陨石不出现维斯台登纹，但它们经常显示出精细的平行线，称为“纽曼线”（旧文献称诺依曼线），是以 1848 年首次对六面体铁陨石进行研究并发

现了这一特殊结构的弗朗茨·恩斯特·诺伊曼（Franz Ernest Neumann）的名字进行命名。纽曼线是非常薄的片晶或双晶面的横截面，仅有 1~10μm 宽。它们生长在铁纹石晶格的平面上，晶体结构通常很难用肉眼观察，一些研究人员认为纽曼线是陨石母体在太空遭受强烈的碰撞，晶体结构中的薄弱点往往会在几个冲击平面上出现滑点并沿着平行于六面体晶面的方向移动的产物。图 8.76 至图 8.79 为 8 种不同的六面体铁陨石个体、酸洗后切面照片。

图 8.76 a—Agoudal，IIAB 铁陨石切片，可见 3 组纽曼线；b—Agoudal 切片，外壳重结晶层；c—Agoudal 切片，见有陨硫铁条带和串珠，产状平行于一组纽曼线，是在同一熔体中结晶形成；d—Agoudal 切片，显示出分异结晶特点，右下角与左上角产生明显差异，表明熔体成分的不均一性（图片来源：Mirko Graul）

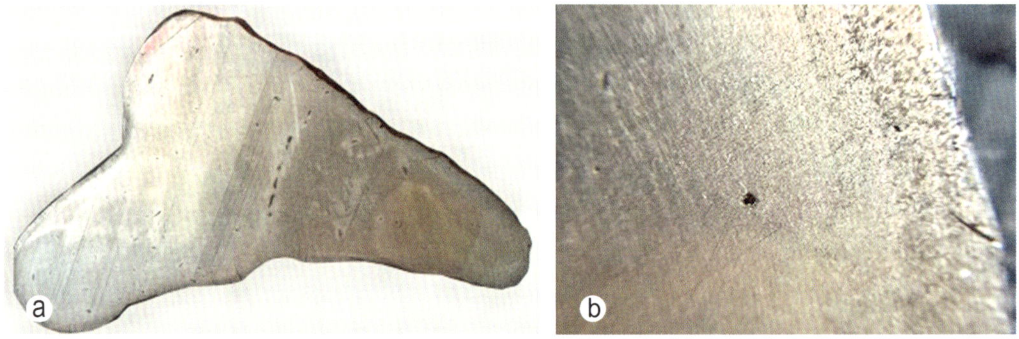

图 8.77 a—NWA 8302（Iron，IIAB）六面体铁陨石，酸洗后出现纽曼线；b—NWA 8302（Iron，IIAB）六面体铁陨石边缘微距照片，左半部分为六面体结构，酸洗后纽曼线清晰，右侧 1/3 为重结晶层

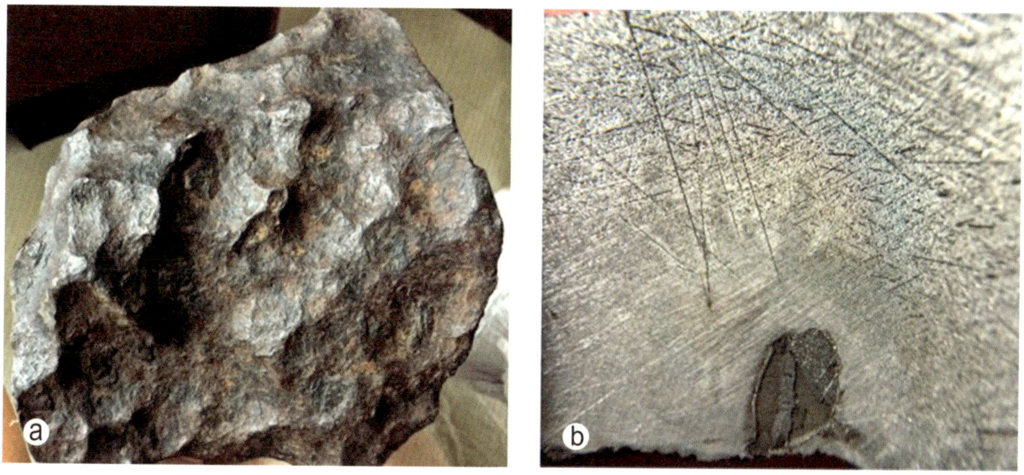

图 8.78 a—新发现的六面体铁陨石，气印发育，有少量黑色残留熔壳；b—左图的铁陨石酸洗后的切面，可见清晰的纽曼线，含有陨硫铁、石墨包体

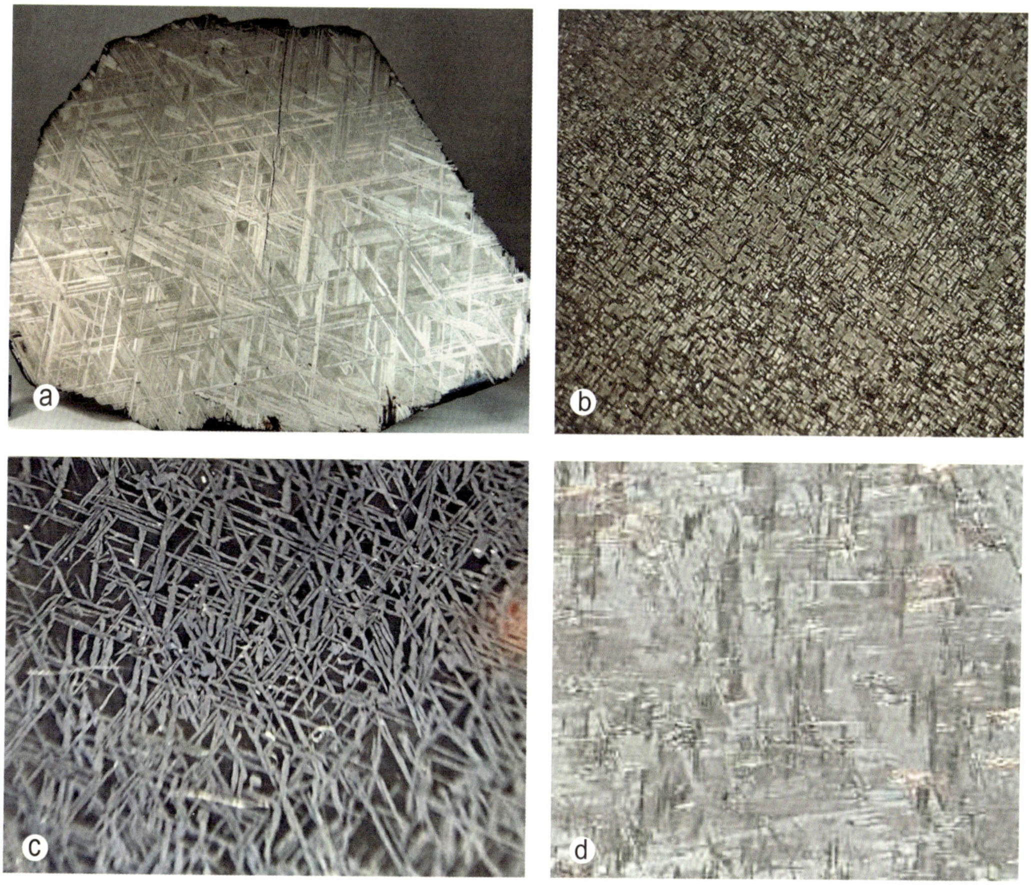

图 8.79 a—Muonionalusta，IVA 铁陨石切片，细粒八面体结构，铁纹石带宽平均 0.3mm；b—火焰山，IAB-sLH 铁陨石切片，合纹石八面体；c—Jeminay（Iron， ungrouped），吉木乃，未分组铁陨石，极其美丽的极细八面体结构；d—Taza，未分组铁陨石，合纹石八面体结构

（3）无结构铁陨石（Ataxites）

一些铁陨石在酸蚀后没有出现明显的结构，它们被称为 Ataxites，在希腊语中是“无结构”的意思。无结构铁陨石主要由富镍的镍纹石组成，虽然肉眼看不到维斯台登结构，但显微镜下可以看到含有铁纹石板条的微小镍纹石晶体生长在细粒合纹石基质中。因此，无结构铁陨石是已知最富镍的陨石。在 49 次目击铁陨石坠落事件中，没有记录有富镍无结构铁陨石；但世界最大的铁陨石霍巴（Hoba）属于无结构铁陨石。 Ataxites 代号 D 并不是英文单词首字母，而是来自德语 Dichte Eisen，意思是致密的铁。图 8.80 为发现于新疆哈密的七角井富镍无结构铁陨石。

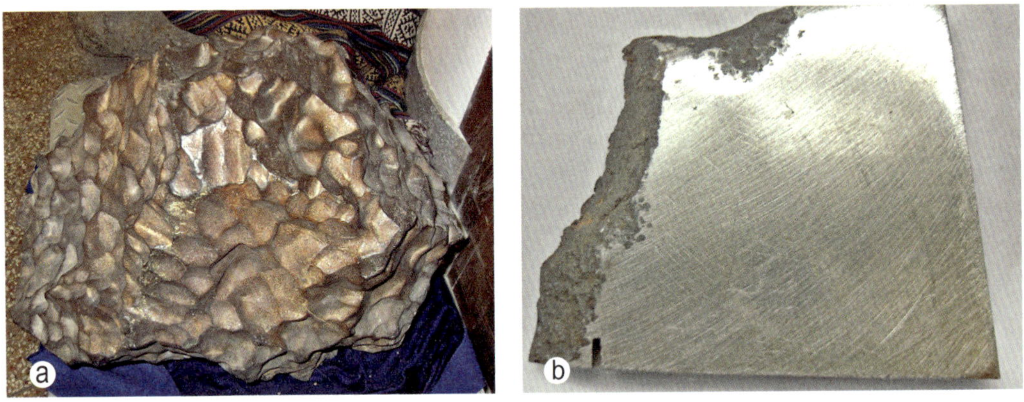

图 8.80 a—Qijiaojing（iron，ungrouped）七角井铁陨石，2003 年 11 月发现于新疆哈密，气印十分发育，是一块非常漂亮的铁陨石；b—七角井铁陨石切面，富镍无结构，酸洗后没有维斯台登纹

8.6.2 铁陨石的化学分类

现代陨石研究根据化学分类系统对铁陨石进行分类，用 Ni 和微量元素 Ga、Ge 和 Ir 含量来区分不同的化学群，其他可用于分组的微量元素有 Sb、As、Co、Cu、Au、Tb 和 W 等；将微量元素的浓度与总镍含量在对数坐标上绘制出来，以判别化学群。现在有 13 个以罗马数字和字母命名的铁陨石群，如“Ⅲ AB”，每个化学群至少由 5 个成员组成。陨石学家认为，每个化学群的铁陨石有着相同的起源，并形成于一个共同的母体上。还有超过 15% 的铁陨石不符合现有的分类方案，这些铁被指定为未分组铁陨石。

下面我们将简要讨论每一个化学群，包括它的主要物质组成、不同结构之间的关系，以及具有代表性的陨石。

（1）IAB- 复合群（Complex）

由原 IAB 群和 IICD 群合并而成，一些最著名的铁陨石属于这一组。 它们包括亚利桑那州的巴林杰陨石坑产出的 Canyon Diablo，以及得克萨斯州 Odessa 和阿根廷的 Campo del Cielo，我国的昭平铁陨石也属于 IAB- 复合群铁陨石。IAB- 复合群铁陨石大多数是粗 - 中粒八面体结构，并且通常含有陨硫铁、石墨、陨碳铁和一些与 Winonaite 相关的硅酸盐包体。Caddo County，Landes and Zagora 以丰富漂亮的硅酸盐包体而著名，最近的研究表明，winonaite 和 IAB 铁陨石可能起源于同一个部分分异的小行星母体，在它开始形成铁镍地核和富硅酸盐的地壳时遭到撞击破坏，导致硅酸盐与熔融的镍铁金属混合，形成含硅酸盐包体的 IAB-complex 群铁陨石，部分熔融物中富橄榄石的残渣混合成未熔融的硅酸盐，形成 winonaite 群陨石。图 8.81 至图 8.84 为 4 种不同的 IAB- 复合群铁陨石个体、酸洗后切面照片。

图8.81 Zhaoping（Iron，IAB-complex），昭平铁陨石切片，由花纹可以看出这块铁陨石有被煅烧冶炼的痕迹，导致晶体重结晶

图 8.82 Wu-chu-mu-ch'in （Iron，IAB-ung）乌珠穆沁旗铁陨石，1920 年发现于内蒙古乌珠穆沁旗

图 8.83 Canyon Diablo（Iron，IAB-MG），产自美国亚利桑那州的巴林杰陨石坑，切面见有大团石墨陨硫铁包体

图 8.84 Mundrabilla（Iron，IAB-ung），切片酸洗后有粗粒八面体结构，右图的陨硫铁包体内含有层状陨硫铬矿

（2）IC 群

与 IAB 群铁陨石十分相似，它们大多数是粗粒八面体结构，个别样品也存在其他结构类别。虽然缺少硅酸盐包裹体，但大多数 IC 群铁含有大量黑色的陨碳铁包裹体。在元素丰度方面，IC 群铁陨石微量元素砷和金含量较低，多数学者认为 IC 群铁

陨石是在单独的母体上形成的。IC 群的代表性成员包括 Arispe、Bendge ó 和 Mount Dooling 铁陨石。

（3）IIAB 群

这是另一个很有代表性的铁陨石群，在结构上，IIAB 铁被分类为六面体或最粗的八面体，使它们成为已知的最贫镍铁陨石。著名的 IIAB 型六面体是 1847 年在波希米亚降落的 Braunau 铁陨石，显示出丰富的纽曼线。谈到最粗八面体铁陨石时，不得不提到 Lake Murray 铁陨石，1875 年在智利北部发现，它大约在 1.1 亿年前坠落，至今仍被保存在一些古老的砂岩中。还有 1947 年在俄罗斯目击降落的阿林铁陨石（Sikhote–Alin）（图 8.85），发现总质量超过 70t 的陨石，是陨石市场上最漂亮、最实惠的铁陨石之一。我国澧县铁陨石也属 IIAB 群铁陨石。于微量元素丰度表明，IIAB 铁陨石形成于一个不同的 C 型小行星的核心，该小行星被多次撞击事件破坏。图 8.86 为 2005 年发现于湖南澧县的 IIAB 铁陨石。

图 8.85 Sikhote Alin（Iron，IIAB），1947 年 2 月 12 日目击降落在俄罗斯 Sikhote Alin 山区，此地原属中国，位于兴凯湖东南岸，Alin 铁陨石市场流通量较大

图 8.86 Lixian （Iron，IIAB），2005 年发现于我国湖南澧县，最粗八面体结构

（4）IIC 群

IIC 群仅由 8 个成员组成，大部分是八面体过渡体（合纹石），铁纹石带宽小于 0.2mm。细粒的合纹石与铁纹石、镍纹石共生，在其他八面体中也有合纹石充填在铁纹石条带和镍纹石条带间的空隙。IIC 铁陨石 Th 含量较高，人们认为它们形成于一个质量小且分异的小行星的核部。Ballinoo、Salt River 和 Unter–Mässing 等铁陨石是 IIC 群的典型代表。

（5）IID 群

这个群在结构上为中 – 细粒八面体结构。IID 铁陨石通常含有大量的陨磷铁镍矿包体，微量元素 Ga 和 Ge 含量高，可能是在一个相对较大的小行星的核心形成。Alt Bela、Carbo 或 Hraschina 是典型的 IID 铁陨石。IID 群一个著名的成员是 1400 年目击坠落的铁陨石 Elbogen。Elbogen 不仅是有记录以来最古老的目击陨石之一，而且也是 1808 年 Alois von Widmanstätten 发现铁陨石八面体结构时所研究的铁陨石。图 8.87 为 Gheriat 004，IID 群铁陨石切面酸洗后照片。

图 8.87　Gheriat 004（Iron， IID），中粒八面体结构

（6）IIE 群

这个群的铁陨石在结构上为粗 – 中粒八面体，大多数含有丰富的富铁硅酸盐包体。IIE 铁陨石所含硅酸盐包体类型具有多样性，从原始的球粒碎屑到溢流的玄武岩熔体都有。IIE 群铁陨石中的硅酸盐包体通常以凝结液滴的形式出现，而不是以 ⅠAB–Complex 铁陨石中发现的那种未分异的硅酸盐角砾的形式出现。IIE 群的铁陨石 Miles、Watson 以其宝石般的硅酸盐包体而闻名，使他们成为最具吸引力的 IIE 群铁陨石。图 8.88 为 Arlington，IIE 群异常型铁陨石切面照片。最近的研究表明，IIE

铁陨石不是在小行星的核部形成的，而是撞击事件引起的部分熔融的产物。IIE 群铁陨石的矿物和氧同位素组成表明其与普通 H 族球粒陨石有密切的关系。有可能这两个化学群起源于同一个母体——6 号小行星韶神星。

图 8.88 Arlington（Iron，IIE-an），1894 年发现于美国明尼苏达州

（7）IIF 群

IIF 群铁陨石结构上是合纹石八面体或富镍无结构。它们富含镍，并含有大量的 Ga、Ge、Cu 和 Co，这表明其形成过程发生在分异的小行星的核部。著名的成员是 Del Rio、Monahans（1938）（图 8.89）和 Repeev Khutor，其中 Repeev Khutor 是 1933 年在俄罗斯发现的目击陨石。IIF 铁的氧同位素组成与 Eagle Station 橄榄陨铁相似，可能代表同一个母体。而 CO/CV 群碳质球粒陨石也显示出类似的氧同位素组成，表明 IIF/Eagle Station 橄榄陨铁母体是在小行星带外部区域形成的。

图 8.89 Monahans（Iron，IIF），1938 年发现于美国得克萨斯州

（8）IIG 群

IIG 群铁陨石是六面体或最粗八面体结构，结构和元素组成类似于 IIAB 群的铁陨石，但它们的镍含量较低，含有丰富的条带状陨磷铁镍矿，这些条带通常覆盖 IIG 铁陨石蚀刻面的 15%。研究表明 IIG 铁陨石形成于一个分异的小行星内核的外部区域，可能与 IIAB 母体不同。IIG 群铁陨石典型样品为 Bellsbank、Twannberg（图 8.90）和 Guanaco。

图 8.90 Twannberg（Iron，IIG），1984 年 5 月 9 日发现于瑞士

（9）IIIAB 群

这是所有铁陨石中最大的一个群，目前有 328 个成员，分为两个亚群，即 IIIA 亚群和 IIIB 亚群；其中 IIIA 亚群主要是粗粒八面体，而 IIIB 亚群通常显示中粒八面体。尽管结构不同，但这两个亚群的成员在结构和元素组成上形成了连续的演化序列，表明了它们具有共同的起源，可能分别代表了小行星内核的不同部位。一些 IIIAB 群铁

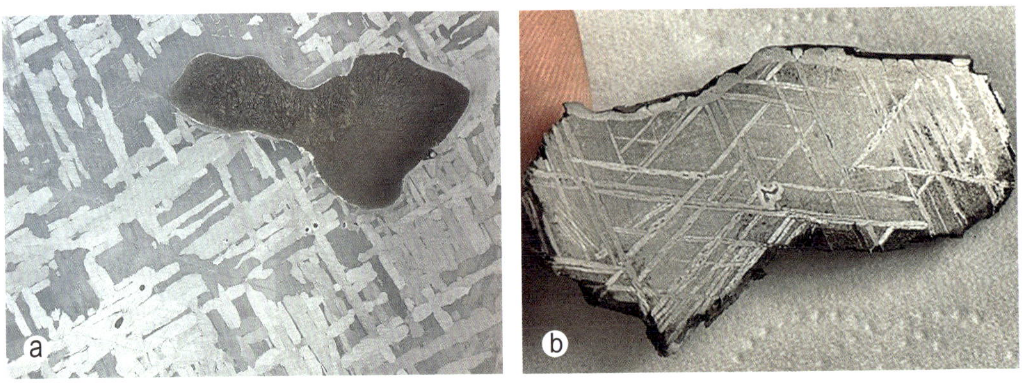

图 8.91 a—Cape York（Iron，IIIAB），内含较大的陨硫铁，粗粒八面体结构；b—Saint-Aubin（Iron，IIIAB），中－粗粒八面体结构，近年来又发现一些埋藏地下的这种铁陨石

图 8.92 Digor（Iron，IIIAB），迪坎尔铁陨石切片，中粒八面体结构，2006 年发现于新疆鄯善县迪坎尔，最初被回收废旧金属的人发现于迪坎尔乡西 30km 的沙漠中，后几经转手流入到德国一个学生的手中，这个学生将这块铁陨石主体卖给了 Rainer Bartoschewitz

陨石含有大量的陨硫铁和石墨包体，但硅酸盐包体很少见。研究表明，IIIAB 群铁陨石与主群橄榄陨铁之间存在着密切的关系，可能形成于同一个母体上，一个被撞击事件破坏的分异小行星；IIIAB 铁陨石代表了地核的碎片，而主群橄榄陨铁则是这一共同母体的核 / 幔边界样品。IIIAB 群包括几个著名的成员，如一些有史以来发现的最大的铁陨石：Cape York、Chupaderos、Morito 和 Willamette 等。图 8.91 和图 8.92 为 3 种不同的 IIIAB 群铁陨石切面酸洗后照片。

（10）IIIE 群

与 IIIAB 群的铁陨石十分相似，但它们很容易通过几个特征加以区分。IIIE 铁陨石在结构上属于粗粒八面体，IIIE 铁矿的特征是短而“膨胀”的铁纹石条带和丰富的白色碳化物包体；碳铁矿（Fe，Ni）$_{23}$C$_6$（哈镍碳铁矿），这种合金是白色的，质地非常坚硬，对于锯切 IIIE 铁陨石绝对是一个挑战。IIIE 铁陨石的元素组成与 IIIAB 铁陨石相似，但它们之间的差异足以证明建立一个独立的群是很合理的。最近的研究表明，IIIE 铁陨石是一个独特的母体内核的碎片，在早期太阳星云的同一区域内形成于 IIIAB 母体附近。 IIIE 群最著名的成员是我国的银骆驼（Armanty）铁陨石，1898 年发现于新疆阿勒泰地区，重达 28 吨；2011 年又在阿勒泰克兰大峡谷发现一块 17.8 吨的铁陨石，命名为阿克布拉克（图 8.93），有研究认为这两块巨大的铁陨石是成对陨石，是长达 425km 的散落区内同一次降落事件的陨石个体。

图 8.93 a—阿克布拉克（安拉之泪）铁陨石，重 17.8t，现保存于阿勒泰市；b—阿勒泰铁陨石切片，陨硫（磷）铁包体很多且容易脱落，粗粒八面体结构，但这种阿勒泰铁陨石酸洗切面与作者见过的阿克布拉克铁陨石的维斯台登纹存在差异

（11）IIIF 群

大多数 IIIF 铁陨石是中－细粒八面体结构，镍含量相对较低。就其元素组成而言，Cr 的含量较高，而 Ga、Co 和 P 的含量较低。IIIF 铁陨石很少含有如陨磷铁镍矿类的磷化物，而陨硫铁也同样少见或缺失。研究表明 IIIF 铁的形成发生在一个质量小且分异的小行星内部。众所周知的例子是 Klamath Falls、Nelson County、St. Genevieve County 铁陨石。图 8.94 为 Cerro Del Inca，IIIF 群铁陨石酸洗切面。

图 8.94 Cerro Del Inca（Iron，IIIF），1997 年发现于智利

（12）IVA 群

IVA 群铁陨石大多是细粒八面体，Ge 和 Ga 的含量非常低，一些 IVA 铁陨石中含有稀疏分布的结核状陨硫铁和石墨，另一些 IVA 铁陨石硅酸盐包裹体很少或没有。有些含硅酸盐的 IVA 铁陨石的矿物学具球粒陨石质物质特征，主要由古铜辉石－单

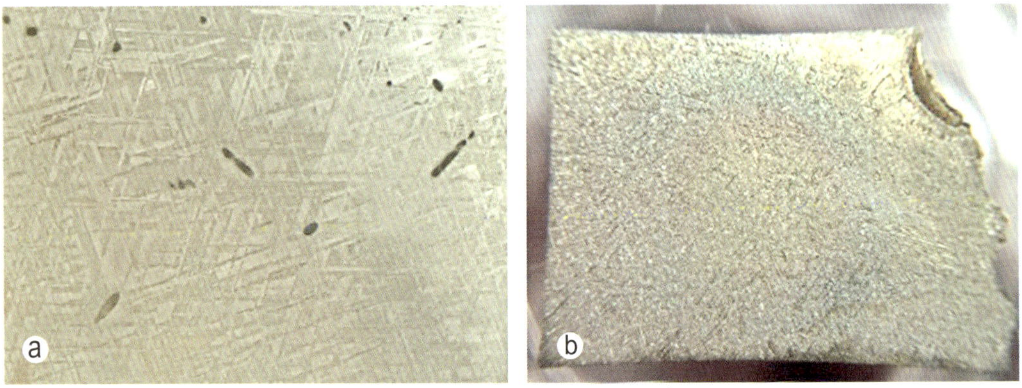

图 8.95 a—Gibeon（Iron，IVA），流通量很大的 IVA 群铁陨石，易保存，可用于制作饰品；b—Guanghua（Iron，IVA），1932 年发现于湖北光化的铁陨石切片

斜古铜辉石 – 鳞石英的包体及 SiO_2 颗粒组成。研究表明，IVA 铁陨石形成于一个质量小且分异的小行星核部，在形成后不久被一次大规模撞击破坏，这颗小行星重组后，在大约 4.5 亿年前再次破坏。德国发现 Steinbach 由几乎等比例镍铁基质和红色硅酸盐构成；这些硅酸盐是辉石和稀有矿物鳞石英的混合物。众所周知的 Gibeon 也是 IVA 群铁陨石。图 8.95 为 Gibeon 和光化 IVA 群铁陨石酸洗切面照片。

（13）IVB 群

这个化学群的成员极其富镍，属于富镍无结构类。放大观察 IVB 铁陨石显示出合纹石结构（铁纹石和镍纹石共生）。硅酸盐包裹体几乎没有，IVB 铁陨石显示出微量元素 Ge 和 Ga 含量极低，代表其起源于一个质量小且分异的小行星核部，著名 IVB 群成员包括 Hoba（图 8.96）和 Cape of Good Hope，其中 Cape of Good Hope 在 1811 年被切割并进行锻造，其中一部分被锻造成一把剑，献给了俄国皇帝沙皇亚历山大一世。

图 8.96 Hoba（Iron，IVB），世界最大铁陨石的切片，其个体重约 60t

（14）未分组的铁陨石或 IRUNGR

大约 15% 的铁陨石不适合 13 个化学组中的任何一个，简单归类为未分组的铁陨石，它们可能代表不同的母体。一个众所周知的未分组的例子是巨大的，22t 重的 Bacubirito 铁陨石。图 8.97 为新疆吉木乃发现的未分组铁陨石酸洗切面。

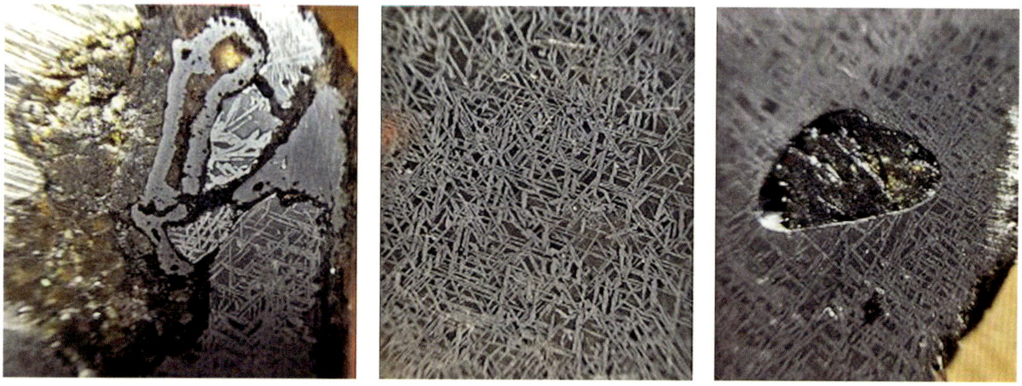

图 8.97 Jeminay（Iron，ungrouped），发现于新疆吉木乃的未分组铁陨石切面，拥有极细的维斯台登纹，不同的包体显示出复杂的成因

第9章

冲击变质作用

- 陨石坑在地球上的分布
- 陨石撞击构造的形成过程
- 陨石撞击构造的鉴定标志
- 冲击变质岩分类

冲击变质作用，又译为撞击变质作用或陨击变质作用，是 1960 年以来认识的一个新领域，是分布在陨石坑附近，在陨石撞击地表的强大冲击波作用下产生的变质作用。时间短（1μs~1s），高压（10~100GPa），温度高达 1700℃以上。变形和伴随的部分熔融是主要的变质机制，从变质因素看，冲击变质作用是一种极端条件下的变质作用，其温压范围与正常变质作用的比较如图 9.1 所示，从图中可以看出，冲击变质作用的温度、水压力增高，在高温影响下的岩石发生熔融甚至气化。典型的冲击变质岩为冲击角砾岩，这是一种具有熔岩特征的角砾岩，瞬时的高压使石英出现变形纹、变形带，甚至出现超压石英变体——柯石英和斯石英，瞬时的高温使长石、石英熔融形成玻璃，黑云母出现暗化现象。由于其变质因素，变质岩特点与动力变质相似，有时也把它归为动力变质范畴内，但不是地球内动力作用的结果，在月球、火星及其卫星等地外星体表面更为发育，例如，在月球表面上直径大于 1km 的陨石坑多达 33000 多个，占月球表面积的 7%~10%，至于小撞击坑，则数不胜数。一般来说，冲击变质作用是小行星或彗星撞击行星并在其表面产生的变质作用，可称为地外变质作用。本书仅讨论发生在地球上的冲击变质作用。

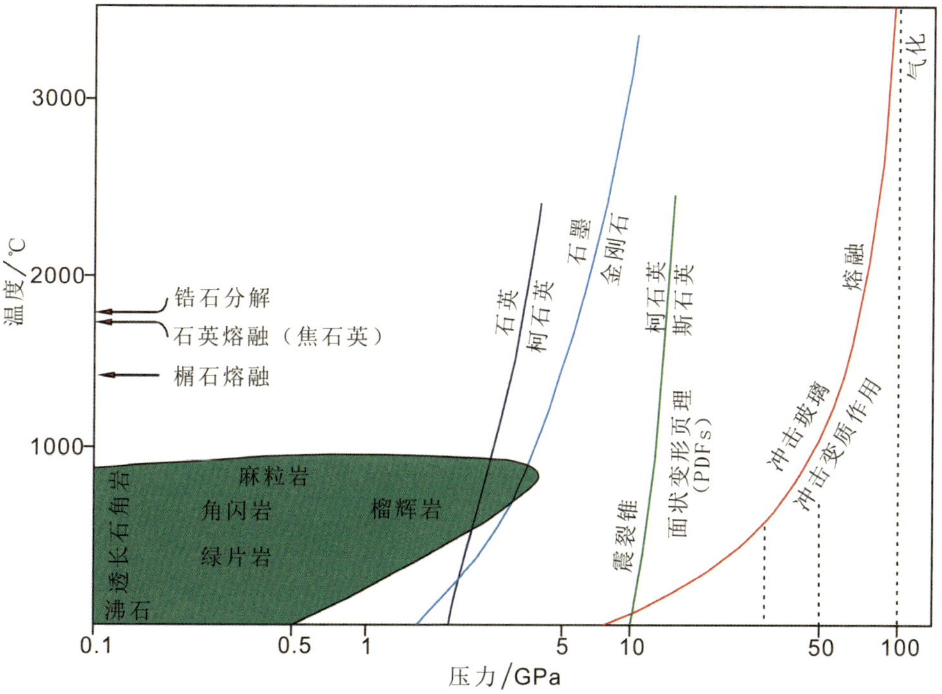

图 9.1 各类变质作用 $P–T$ 图解，绿色区为正常变质作用的 $P–T$ 图解

9.1 陨石坑在地球上的分布

地球上的陨石坑是小行星或彗星撞击地球并在表面形成的一种特殊环形地质构造。与月球火星等其他行星不同，地球表面有厚约1000km的大气层，这就使陨落的小天体，进入地球大气层后，因强烈的摩擦和减速致使能量转变为热能而剧烈燃烧，这便是通常所说的流星体，只有那些个体较大的流星体才能抵达地表，形成撞击坑。此外，在漫长的地质演化历史中，地球表面一直受表生作用和板块运动影响。因而地质历史较老的陨石坑往往受到风化侵蚀和构造作用的叠加而遭到破坏，许多陨石坑被埋藏在撞击后期的沉积物之下，难以被发现。

截至2020年7月15日，地球上已确认并且在地球撞击数据库（Earth Impact Database）公布的陨石撞击坑数量为199个，其中非洲21个，亚洲和俄罗斯32个，澳大利亚29个，欧洲43个，北美洲60个，南美洲13个。此外，Calvin撞击坑（美国密歇根州）没有报道，因为迄今为止这个结构尚未被确定为陨石撞击起源。10个已经确认的陨石撞击结构（尚未收录在地球陨石坑数据库中，2020年），分别是：Cerro do Jarau（Reimold et al.，2019）、Decorah（French et al.，2018）、Douglas（Kenkmann et al.，2018）、Lake Raeside（Glikson et al.，2016）、Kamenetsk（Gurov et al.，2017）、Pantasma（Rochette et al.，2019），Ramgarh（Kenkmann et al.，2020），Summanen（Plado et al.，2018），“Libyan Desert Glass impact structure”（Koeberl&Ferri è re，2019）和Yallalie（Cox et al，2019）等10个陨石坑。

地球上比较古老的陨石坑是Dhala陨石坑，同位素年龄在16亿~25亿年之间，Suavjärvi陨石坑，年龄约24亿年（测年结果，未受到很好的约束）；Vredefort Dome陨石坑，年龄约20.2亿年。较年轻的陨石坑是Sikhote Alin，形成于1947年，直径仅27m；Wabar陨石坑，已形成290±38年，直径116m。在2007年9月15日在秘鲁首都加拉加斯一颗陨石撞击地面形成了一个更年轻的撞击坑，直径13.5m。

这些陨石坑分布在世界上36个国家。尽管从20世纪80年代开始，中国学者对中国的陨石坑形态开展了一系列的调查和研究，找到了海南白沙、江苏太湖、河北涿鹿矾山盆地、香港九龙、内蒙古多伦和辽宁岫岩罗圈里等一系列疑似陨石坑的环形地质构造，但遗憾的是，没有一个能进入国际陨石坑数据库。长期以来，我国陨石坑研究没有取得突破的主要原因是未能获得可以证实陨石冲击成因的关键证据。2009年经过科学钻探，在辽宁岫岩罗圈里107m厚的湖泊沉积物之下，发现了不同程度的冲击变质岩和混合堆积物，包括含有熔体的多相角砾岩，冲击熔融玻璃和石英击变面状页理PDFs。陈鸣等（2007）关于辽宁岫岩陨石坑的研究成果，已经在美国的EPSL杂志公开发表，岫岩陨石坑成为我国第一个国际公认的陨石坑（图 9.2）。

图 9.2 岫岩陨石撞击坑全景照片，该坑呈碗状形态，坑缘环形山呈现出弧形坡地和放射状沟谷，坑底为湖沼相沉积物，坑内被矮灌木和庄稼等植被覆盖

2019 年 11 月《科学通报》杂志刊登了我国证实的第二个陨石坑——依兰陨石坑（陈鸣等，2019），这个陨石坑的假设早在 2015 年由佳木斯地质爱好者吕源峰提出，他为证实这个陨石坑多方奔走、宣传，做出了积极贡献。该陨石坑最后被广州地球化学研究所陈鸣等研究人员所确认，这是我国在冲击变质研究领域的又一次重大突破，不过在冲击变质研究领域，我们与外国的差距仍然很大，任重而道远（图 9.3）。

图 9.3 依兰陨石坑航拍照片，该陨石坑为简单碗型坑，坑缘环形山保存率约 70%

9.2 陨石撞击构造的形成过程

在撞击坑研究中，将撞击坑的形成过程细分为三个主要阶段已被普遍接受。

（1）接触和压缩阶段

在天体撞击过程中，冲击波从接触点开始同时传播到地下靶区岩石和撞击体中。

冲击波的特征在于释放时产生的极端压力（高达100GPa）和瞬时极端高温（高达10000℃或更高）。这样的温度足以使得撞击体和靶区岩石发生不同程度的气化，并且气化的靶区岩石体积大致与撞击体的体积相当，从而产生巨大的膨胀冲击蒸汽流。

冲击波在大致呈半球形传播到地下靶区岩石中时，能量迅速衰减，压力和温度骤然下降；相应地产生岩石气化区和熔融区，并且当冲击能量进一步降低后，靶区岩石将仅在强度降低的情况下破裂为角砾状。在超高速冲击变形的驱动下，从冲击前缘开始将加速熔化和破碎岩石（图9.4）。

撞击体几乎可以是任何大小；通过撞击地球的产生的瞬时能量可能相当于数千枚引爆的氢弹所释放的能量。这显然不同于寻常的内动力地质作用；如火山活动、地震、海啸或其他构造事件。在如此短的时间内产生令人恐惧的能量，导致许多地质学家对于陨石撞击事件难以理解并质疑其真实性。

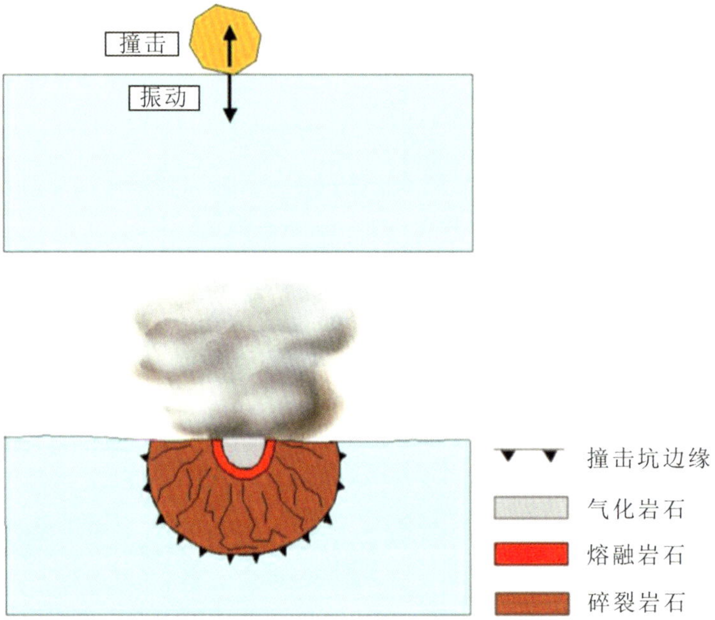

图9.4 陨石撞击第一阶段，接触压缩阶段

（2）开掘阶段

撞击坑的开掘与冲击波的传播密不可分。冲击波具有和其他波一样的物理特征：它们会相互干扰，并可以发生反射和折射。压缩冲击波从接触点向外扩散，部分从目标表面永久性地反射出来；具有相当强度的拉伸疏波，可以像冲击波一样向下传播。通过这种方式，膨胀的冲击波前后的所有岩石颗粒都被压缩的冲击波和拉伸的疏波“捕获”，并结合成一个加速度矢量。计算地下各点的这些矢量，可以得到一个具有图9.5

中所示弧形轨迹的开掘应力场。该场随着时间的推移而增大，靶区岩石中应力方向为上、侧、下，在上部，应力使靶区岩石以喷出物的形式从不断增大的开掘腔中逸出。在确定的扩张腔的底板和壁的下方，岩石难以离开，产生侧向和向下压缩。开掘阶段结束后，释放冲击应力，开挖空腔形成的位移和向下 / 侧向压缩都达到最大值，这时撞击形成的碗状结构被一个凸起的边缘和一层喷出物所包围，这时的结构称为瞬态弹坑。

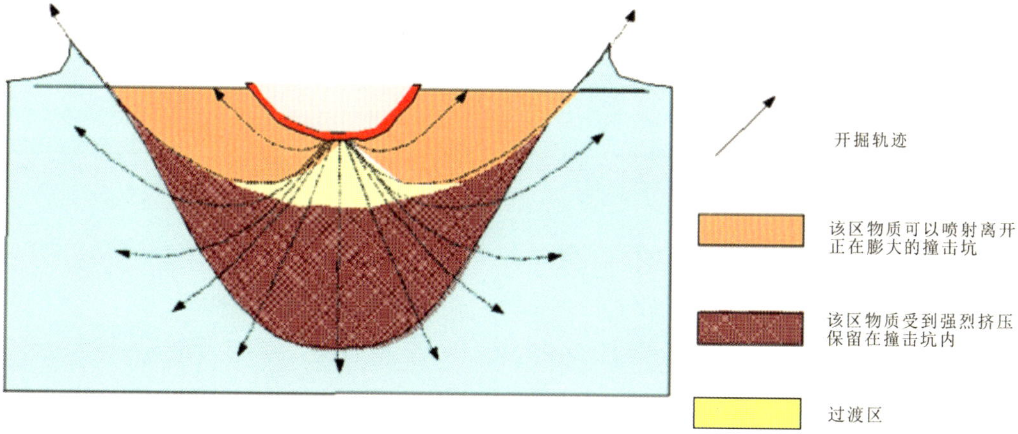

图 9.5　撞击第二阶段，开掘阶段

可见，冲击波和疏波的传播是形成陨石撞击坑的必要条件。疏波在开挖流场的形成过程中除了具有明显的作用外，在地质学上也有其独特的作用。压缩的冲击脉冲不仅可以在目标表面反射，而且总是在到达降低阻抗的撞击物质边界时发生反射，其中一部分能量被反射为稀疏脉冲。由于岩石的抗拉强度远低于抗压强度，反射产生的张力是极其重要的，在撞击过程中，岩石的损伤是由疏波而非压缩冲击波造成的。

（3）改造阶段

“瞬时陨石坑”意味着在挖掘停止后，陨石坑形成过程继续进行。瞬时陨石坑会发生何种改变，取决于陨石坑的大小。小型瞬时陨石坑改造是适中的，在压力松弛时，在撞击底板上存在弹性回弹，回弹突起为一层角砾岩，简单陨石坑形态为碗形。

对于较大的瞬时陨石坑，后期改造可能会有很大的规模。反弹和崩塌导致开掘轨迹发生反向运动，岩石体倾向于向上和向心运动，同时伴随着大规模的下错，充填部分瞬时陨石坑。这导致中央隆起和环形系统的形成，我们现在可以将其称为中央隆起或中央隆起环形坑、隆起环形坑或多环形坑，形成所谓的复杂撞击坑或复杂冲击构造（图 9.6）。

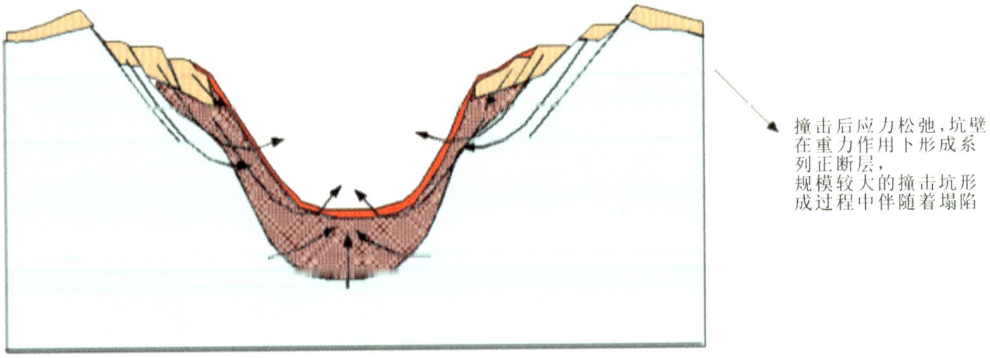

图 9.6　第三阶段，后期改造

陨石坑从简单到复杂的转变发生在直径约 1.5~4km 范围内（取决于目标岩石），相比于地球上的陨石坑，月球上的陨石坑则要大得多（直径约 15km），这表明，改造阶段的瞬时陨石坑坍塌主要是由重力驱动的。

对于非常大的撞击坑，挖掘和改造不像之前所叙述的那样分阶段进行，计算机模拟表明，在开掘停止前，可能已经开始了改造过程，导致岩体发生大规模的倒转。西班牙直径 40km 的 Azuara 大型撞击构造，有地层学证据表明，挖掘和坍塌几乎同时进行。

瞬时陨石坑最终可发展成为以下三种形式，如图 9.7 所示。

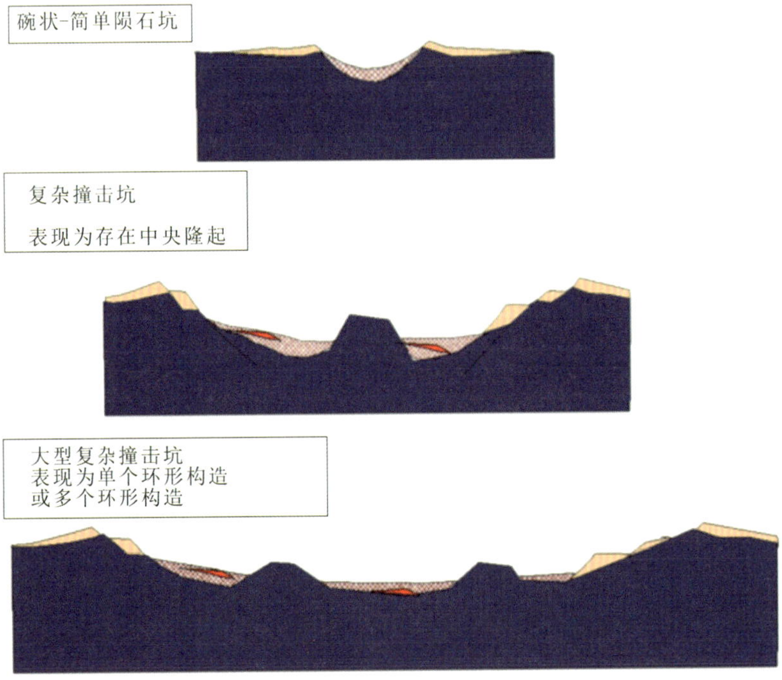

图 9.7　瞬时陨石坑最终形态

9.3 陨石撞击构造的鉴定标志

（1）地形地貌标志

年轻的陨石坑的地貌特征从航空照片就可以看出。其主要特征是具有环状隆起坑沿，坑周围的破碎物的层序与陨石坑原来的地层层序相反，有时还伴生、凝聚成碎块轰击而出现的次生坑。按照陨石坑的形貌和构造，陨石坑可大致分为简单和复杂两类（图 9.8）。

1）简单陨石坑：深度与直径的比为 1 ∶ 5 到 1 ∶ 7。浅碗状，有抛出堆积成的坑沿，抛出物沉积的范围是撞击坑直径的两倍，抛出物的粒度随距离的增加而减小。我国岫岩陨石坑为简单陨石坑，直径 1800m，现在坑底到坑沿山峰最大的高程差为 200m，形成年代大于 5 万年。

2）复杂陨石坑：复杂陨石坑的直径随靶区的地质情况而不同。如果靶区为沉积地层，坑直径＜ 2~4km，形态为简单陨石坑；如果靶区是个结晶岩发育的地区，则陨石坑的直径＞ 2~4km，形态为复杂陨石坑。复杂坑底常有中央隆起坑壁、有塌陷断裂；中央隆起的成因主要有两个：一是坑底靶区域岩石因减压而反弹，二是冲击坑开掘后，物质塌陷所造成。复杂陨石坑常有诱发岩浆活动的因素，冲击回落的角砾岩层，常覆盖于熔岩之下，典型实例是加拿大 Sudbury 巨型陨石撞击坑，直径 140km，面积达 15000km^2，是陨石撞击形成大型 Cu-Ni-PGE 矿床的范例。

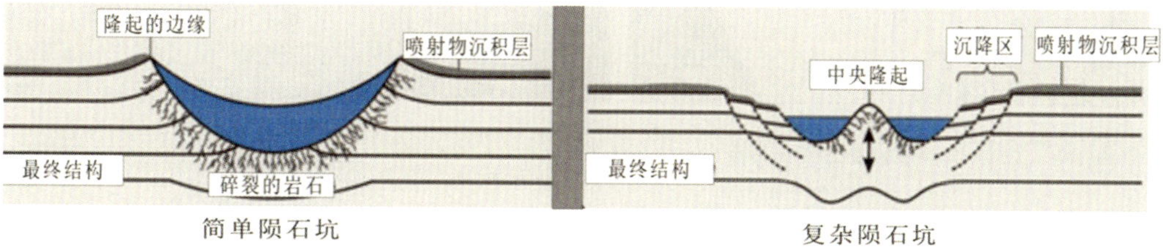

图 9.8 简单陨石坑为碗形，结构相对简单；复杂陨石坑有中央隆起，边缘具有犁式正断层，可能诱发岩浆活动

（2）陨石的碎块

年轻的陨石坑常常可以找到陨石残块，采集坑内及坑周围沉积物，仔细淘洗分析研究其中的重组分，可能发现铁镍金属和陨石球粒等更直接的依据，在很多陨石坑的内部及周边可以找到陨石，很多铁陨石就是在陨石坑的周围发现的。

（3）冲击锥

又称震裂锥，在地表受冲击的岩石破裂面上有明显条纹状锥形构造，条纹长度从不足一厘米到数米不等，条纹从锥顶到侧翼分散呈马尾状（图 9.9，图 9.10）。冲击锥的出现，说明冲击波的压力可以达到 2~10GPa。

冲击锥是唯一可以用肉眼看到的独特的冲击变形特征。包括圆锥和条纹状断裂面，在细粒岩石（如石灰岩）中较发育，粗粒岩石（如花岗岩）中也可以观察到，但不发育。冲击锥是“具有独特弧度的条纹状裂隙，通常形成部分到完整的锥体”。冲击锥表面的条纹呈正向或反向，条纹沿锥体表面呈放射状。冲击锥通常发生在复杂冲击结构的中央隆起中，特殊情况下会在撞击坑内部或外部的冲击角砾岩中发现孤立冲击锥体的碎片或碎屑。它们通常表现为一组部分到完整的锥体，在厘米到分米尺度上具有频繁的相反取向。因此，使用冲击锥顶点方向来确定撞击坑的中心可能导致错误的撞击坑尺寸。

冲击锥的形成，被广泛认为是陨石撞击坑的确切证据，但二者相关性问题仍未完全解决；通常认为冲击锥体在相对低的冲击压力下形成，压力通常在 2~25GPa 之间。

图 9.9 a—加拿大安大略省肖特贝里石英岩中的冲积锥；b—典型的马尾状冲击锥表面的宏观照片

（图片来源：Dr. Ludovic Ferri è re，http：//www.meteorimpactonearth.com）

图 9.10 冲积锥有时可以表现为锥体的印模；也可表现为表面特征

（4）冲击面状变形构造（PDFs）

又称为击变面状页理。在 5~10GPa 至约 35 GPa 的压力范围内形成，特点是石英长石等矿物颗粒中出现许多小的板片，厚度小于 2μm，包括相距 2~10μm 的平行直线，矿物的折射率和双折率普遍偏低。其中有的板片甚至已转变成为非晶体结构。在强烈冲击情况下，晶体结构受到破坏，出现晶格不平行或镶嵌结构，在偏光镜下表现为波状消光，但与一般的构造应力所引起的不同，在 X 光衍射胶片中，谱线更宽，且有星芒现象（图 9.11）。

冲击坑岩石造岩矿物中，石英和长石中发育击变面状页理是判断陨石撞击坑的标志性证据。除人工核爆炸和自然界大规模撞击作用以外，任何其他的地质作用，包括火山喷发、构造运动和地球深部，高温高压下都不可能在矿物中产生这种特殊的面状变形构造。所以 PDFs 是判断陨石坑的决定性证据，我国辽宁岫岩环状构造中发现的石英 PDFs 特征十分典型，其特征与世界上其他已知陨石撞击坑中石英 PDFs 相同，从而为确定该陨石坑提供了确切证据（图 9.12）。

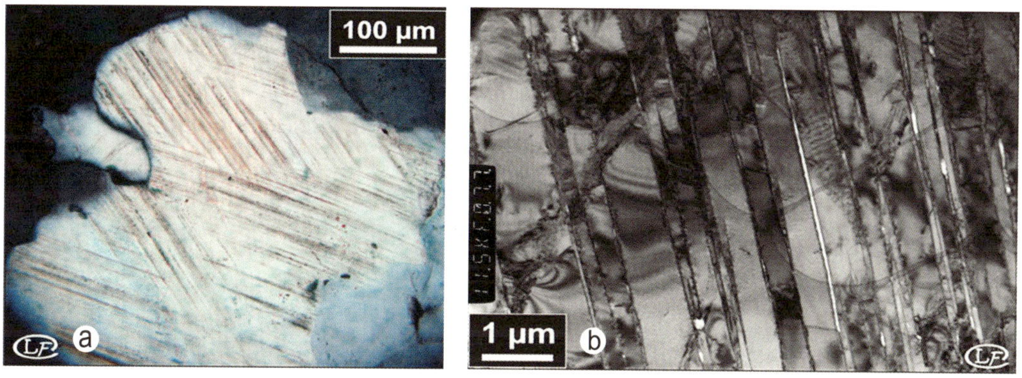

图 9.11 a—具有 2 组 PDFs 的石英颗粒显微照片（+）；b—石英样品中一组不规则间隔的 PDFs 的 TEM 显微照片

（图片来源：Dr. Ludovic Ferri è re，http：//www.mctcorimpactonearth.com）

图 9.12 a—石英颗粒 PDFs 显微照片（-）；b—穿过黑云母 {010} 解理面的 PDFs 显微照片（+）

（5）矿物相的转变

1）柯石英：柯石英常见于超高压变质岩中。最早由赵景德在美国亚利桑那州的陨石坑中，从重砂样品中淘洗得到。德国莱斯冲击坑强烈冲击的石英冲击玻璃中也发现了柯石英。在冲击变质岩中，柯石英常呈微粒出现于其他氧化硅的物相中，因为冲击变质后的余热仍高达数百摄氏度，所以先形成的柯石英极易退变为鳞石英和方石英（图 9.13）。

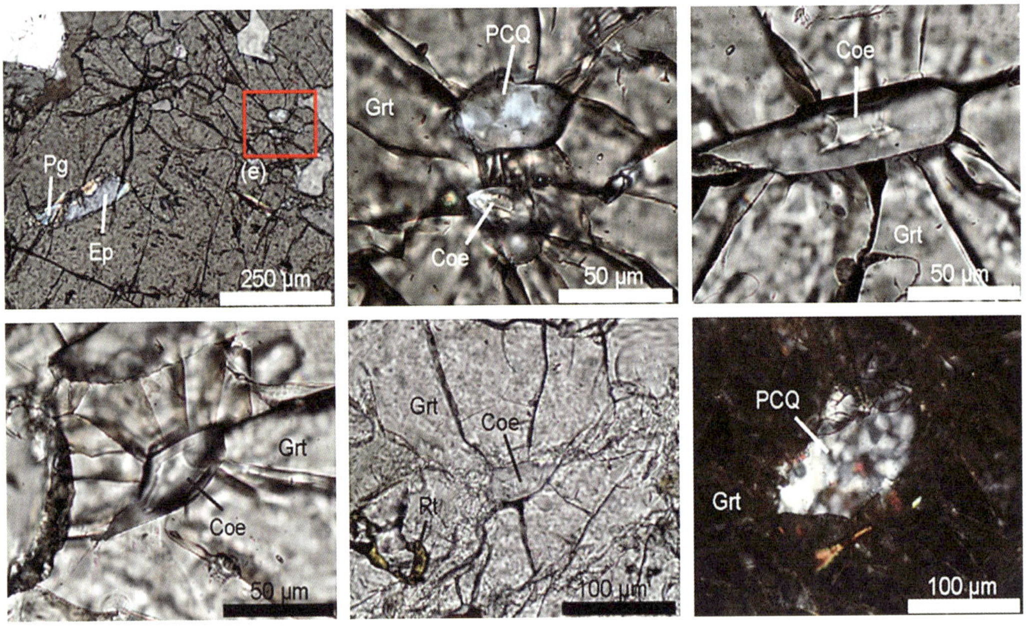

图 9.13　西南天山阿坦塔义一带片岩和榴辉岩中的柯石英

Grt—石榴子石；Ep—绿帘石（含斜黝帘石）；Coe—柯石英，PCQ—多晶石英

（图片来源：吕增）

2）斯石英：形成压力比柯石英还要大，在冲击变质岩中多呈细小颗粒与柯石英共生。斯石英密度大，为 4.35，折射率高，X 光衍射峰值 d=2.96，1.53，易退变质，很难发现。

3）焦石英：这是一种硅酸玻璃，形成温度大于 1700℃，高于一般火山喷出的熔体，如利比亚沙漠玻璃。这种玻璃质析离体状构造，其中焦石英和斜锆石呈冲击变质消熔矿物的残留体。

4）斜锆石：为单斜晶系的锆石，是加热分解的产物，具有强反射率。

5）矿物的熔融：长石部分或全部转变为斜长石玻璃，又称熔长石，而与之共生的暗色矿物则维持结晶质，相邻矿物之间无反应现象，极高压下形成的柯石英、斯石英呈细小包裹体，出现于玻璃质的基质中。

9.4 冲击变质岩分类

根据冲击变质岩石的产出位置与陨石坑的距离，可以分为近端冲击岩石和远端冲击岩石。近端冲击岩细分为冲击岩、冲击角砾岩和冲击熔岩等；远端冲击岩石主要为冲击形成的矿物玻璃和冲击回落尘埃层。

9.4.1 近端冲击岩石

（1）冲击岩（Shocked rocks）

冲击岩被定义为“非角砾化岩石”，表现出明显的冲击变质作用，但岩石并未全部熔融。可以根据不同的冲击变质等级继续分出亚类，即“冲击变质序列”，对于不同的岩性，如玄武岩、辉长岩、砂岩等；在相同的峰值压力下，对每种岩石产生的改造作用不同，所分出的亚类有所不同，冲击锥归类在冲击岩中。

（2）冲击角砾岩（Impact breccias）

冲击角砾岩被细分为几类，即单矿（复矿）碎屑角砾岩、岩屑角砾岩、冲击凝灰角砾岩和假玄武玻璃角砾岩等。该分类是基于不同岩性的混合程度和熔体颗粒出现的多少（Stöffler 和 Grieve，2007）。假玄武玻璃质角砾岩本不包括在冲击角砾岩中，但应将其添加到该分类中，作为冲击角砾岩的一个亚类。

1）单矿碎屑角砾岩（monomict breccias）：单矿碎屑角砾岩，是由撞击产生的碎片并显示出弱或无冲击变质作用的岩石（图 9.14）。这个定义实际上并不完全正确，因为在没有冲击变质证据的情况下，将单矿碎屑角砾岩与构造成因的传统的碎屑岩区分开来是不可能的。单矿碎屑角砾岩通常出现在撞击坑的原始坑底或者作为碎屑出现在复矿冲击角砾岩（多相角砾岩）中（图 9.15）。

图 9.14 单矿冲击角砾岩；岩屑为同种岩石，碎屑经胶结物胶结固化形成岩石

图 9.15 复矿冲击角砾岩（多相角砾岩）；岩屑为不同种岩石，碎屑经胶结物胶结固化形成岩石

2）岩屑角砾岩（lithic breccias）：岩屑角砾岩是一种复矿冲击角砾岩，碎屑基质含有晶屑和岩屑，但缺乏同源撞击熔体颗粒（图 9.16）。在撞击过程中，不同的碎屑从靶区岩石的不同部位挖掘出来，经过搬运、混合并沉积在撞击坑内部或边缘。在靶区岩性单一的情况下，岩屑角砾岩可以是单矿碎屑角砾。

图 9.16 岩屑角砾岩，复矿冲击角砾岩，碎屑基质含有晶屑和岩屑，缺乏同源熔体颗粒

3）冲击凝灰角砾岩（suevite）：被定义为"复矿冲击角砾岩，含有冲击变质的各个阶段的岩屑和晶屑微粒基质，包括处于玻屑或结晶状态的共生冲击熔体颗粒"（图 9.17）。冲击凝灰角砾岩最初用于描述德国 Ries 撞击坑，冲击凝灰角砾岩现已广泛用于描述在撞击坑边缘或外部出现的类似岩石，在一些撞击结构中，也报道了冲击凝灰角砾岩墙。

图 9.17 冲击凝灰角砾岩，包含各个阶段的岩屑和晶屑，有时含有玻屑或其他熔体颗粒，岩屑具有塑性特点

4）假玄武玻璃质角砾岩（pseudotachylitic breccia）：假玄武玻璃质角砾岩是隐晶质（或结晶）基质胶结的未受到冲击（受冲击）的晶屑和岩屑。碎屑为浑圆状或棱角状，大小从几微米到几米，通常假玄武玻璃质角砾岩以不规则的岩墙形式产出，假玄武玻璃质角砾岩被认为是冲击熔融、摩擦熔融或减压熔融的产物（图 9.18，图 9.19）。

图 9.18 Vredefort（南非）的假玄武玻璃质角砾岩的照片

a—在 Parys 北部的 Leeukop 山采石场，大量接触假玄武玻璃质角砾岩；b—假玄武玻璃质角砾岩与花岗片麻岩接触带露头； c—假玄武玻璃质角砾岩床

（图片来源：Dr. Ludovic Ferri è re，http：//www.meteorimpactonearth.com）

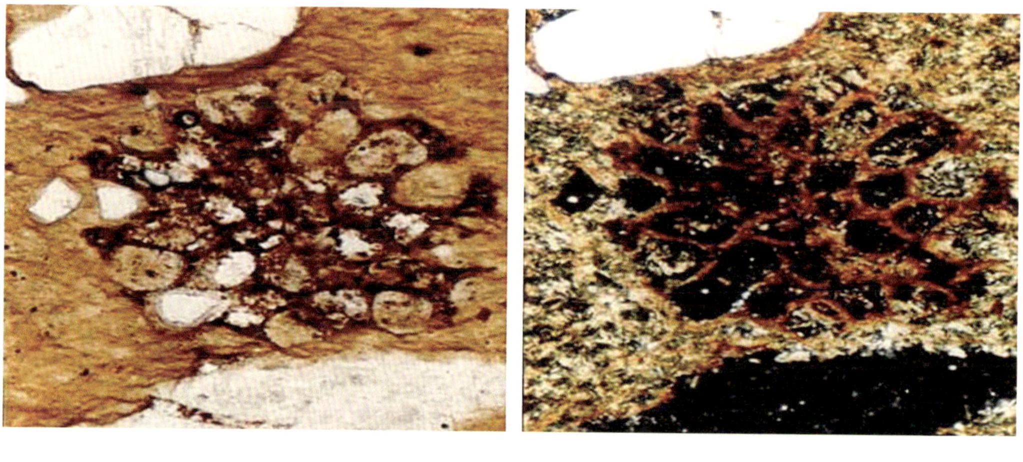

图 9.19 Azuara 撞击坑复矿冲击角砾岩中的假玄武玻璃显微照片，砂岩碎屑由假玄武玻璃石英颗粒嵌入熔融重结晶硅酸盐颗粒组成，左侧为单偏光，右侧为正交偏光

（3）冲击熔岩（Impact melt rocks）

冲击熔岩（或冲击熔融角砾岩）是一种透明－半透明或玻璃质岩石，由冲击熔体冷凝固结形成，含有不同冲击变质程度的岩屑。冲击熔岩可以根据碎屑的含量划分三个亚类，即富碎屑、含碎屑和无碎屑三个亚类；或者依据结晶度分为：隐晶质、半晶质和全晶质三个亚类。冲击熔岩通常发现在撞击坑内，形成较大的岩体、岩床或刺穿基底岩石的岩墙（图 9.20）。

图 9.20 a—冲击熔岩，岩石有明显的暗化特征，b—冲击熔岩形成的刺穿基底岩石的岩墙

9.4.2 远端冲击岩石

远端冲击岩石产物主要为冲击玻璃（tektites）和空降冲击尘埃层（airfall imapct dust beds）。

（1）冲击玻璃（Tektites）

冲击玻璃是冲击变质作用的远端产物，属于冲击角砾岩下的亚类。冲击玻璃分布在距离源撞击坑几百到几千千米的范围内。冲击玻璃主要由 SiO_2 组成，在地球上发现的冲击玻璃是由小行星或彗星撞击地球形成的，冲击产生的巨大能量致使陆地岩石熔融并将其喷射到大气层的顶端，随后，冲击玻璃开始降落，冲击玻璃的最终形态在很大程度上取决于与撞击坑的距离和风化程度。

1）形成过程

a. 彗星或小行星以不同的角度撞击地球。

b. 地表岩石熔融并以超高速喷射到高层大气中。

c. 冲击玻璃降落：①如果靠近源区，它们会熔化或只有一层薄而脆的外壳，前表面上的外壳剥落；②距离冲击地点约 2000~4000km 的中等距离，它们在外部充分凝固，在重新进入期间，加热导致前表面上的外壳产生微裂隙；③在距离冲击地点大约

4000~6000km 的范围内，冲击玻璃重新进入大气层，它们熔化并产生盾形标本或二次环凸起。

d. 在土壤中，冲击玻璃被风化剥蚀，导致微裂隙不断扩大，在冲击玻璃的前部形成“U”形槽，在后部形成“V”形槽。冲击玻璃经常遭受严重的风化剥蚀作用；水的搬运可以导致冲击玻璃磨圆（图 9.21）。

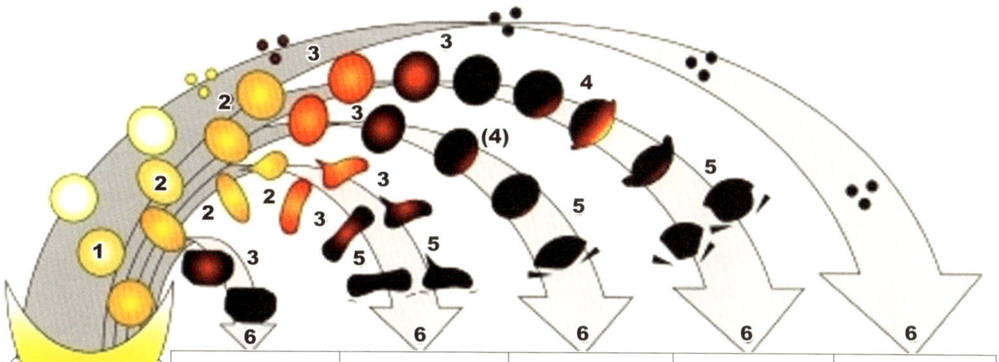

发生在富含硅质的沉积层上大规模撞击事件	部分熔融的玻璃质物质	典型的塑性变形，脆弱的光滑的表面无烧蚀作用，碎裂	典型的中等塑性变形，无烧蚀，再进入大气层阶段强烈碎裂	典型的脆弱塑性变形强烈的烧蚀作用，碎裂较明显	熔融冷凝物，空气动力学形状无碎裂
距离最近的冲击岩	最近的层状冲击玻璃	最近的飞溅状冲击玻璃	中等碎裂冲击玻璃	末端烧蚀冲击玻璃	微冲击玻璃（散落区内）

图 9.21 不同冲击玻璃形成过程示意图

2）形态分类

根据形态和物理特征将常见的冲击玻璃分为三类；即：①飞溅状（普通）冲击玻璃；②空气动力学形状的冲击玻璃；③芒农式（层状）冲击玻璃。

飞溅状和空气动力学形状的冲击玻璃仅依靠据其外观和一些物理特性来进行区分。飞溅状的冲击玻璃通常是厘米级的；外形有球形、椭球形、水滴形、哑铃形，以及其他具有孤立熔融体特征的形状。它们被认为是由旋转的熔体冷凝而成，并非大气烧蚀形成。

空气动力学形状的冲击玻璃，主要见于澳大利亚散落区的一部分，是飞溅状的冲击玻璃，显示一个二次环或凸起。二次环或凸起被认为是冲击玻璃的凝固飞溅物高速再进入大气层烧蚀的过程中产生的。

芒农冲击玻璃通常较大，有的个体大于 10cm，质量大于 24 kg。呈不规则层状。它们具有厚实的块状外观，层状结构，气孔丰富，含有锆石、斜辉石、铬铁矿、金红石、刚玉、方石英和柯石英等矿物包裹体。

微冲击玻璃（microtektites）是第四类冲击玻璃，小于 1mm，它们的形状多变；从球形到哑铃形、圆盘形、椭圆形和水滴形，颜色从无色透明到淡黄色和浅棕色。它们通常含有气泡和焦石英包裹体（图 9.22）。

图 9.22 不同形态的印度尼西亚冲击玻璃，样品来自勿里洞岛

3）分布位置

冲击玻璃分布在特定的区域或与撞击坑相关的散落区内，最年轻和最大的散落地是澳大利亚散落区，在泰国、越南、柬埔寨、老挝和中国（广东、广西、海南）、菲律宾、马来西亚、印度尼西亚和澳大利亚都发现了这类岩石。这些冲击玻璃来自中南半岛半岛地区的一个未知的撞击坑。第二大散落区位于北美洲，在佐治亚州和得克萨斯州发现了冲击玻璃，主要来自北美的切萨皮克撞击坑。绿色冲击玻璃主要来自捷克和德国莱斯撞击坑。冲击玻璃也出现在象牙海岸，加纳的博苏姆威陨石坑。在其他许多冲击地点发现的冲击玻璃通常与规模较小的陨石坑有关。

冲击玻璃并不是陨石，但冲击玻璃是由大型陨石或撞击地球的小行星 / 彗星形成的相关物质，它们主要由熔融的地球岩石组成。通过详细的同位素分析，可以发现地外组分的痕迹。

历史上，许多论文都将冲击玻璃写成了月球起源，但在阿波罗登月并将月球岩石带回地球分析之后，可以排除所有已知的冲击玻璃的月球起源学说。此外，冲击玻璃的形态和分布表明它们的陆地起源。地球化学分析还将捷克冲击玻璃与德国的莱斯撞击坑（Ries Crater）；象牙海岸冲击玻璃与博苏姆威陨石坑（Bosumtwi Crater）；北美冲击玻璃与切萨皮克撞击坑（Chicxulub Crater）联系起来，大多数科学家都接受冲击玻璃源于地面撞击的理论。

由于缺少二氧化硅，所以月球不太适合生成硅质冲击玻璃，但月球上会产生一些类似冲击玻璃的岩石质玻璃；以此类推，冲击玻璃也可以在火星上产生。月球和火星产生的冲击玻璃尚未在地球上有发现的报道。从理论上讲，来自火星和月球的陨石可以到达地球。因此，通过撞击在其他行星上产生的极少量的冲击玻璃也可能会到达地球。

4）主要产地

A. 澳大利亚冲击玻璃（Australasian Tektites）

关于巨大的澳大利亚散落区最令人着迷的事情之一就是没有源区撞击坑。低角度撞击会导致冲击玻璃的散落区极不对称的分布，可能没有留下典型的陨石坑。事实上，柬埔寨被称为“Tonle Sap”的细长浅湖曾经被认为是一个可能的陨石坑。然而，在东京湾地区的撞击坑可能更好地解释了冲击玻璃的分布。很明显，在该地区的洼地很快就会被三角洲沉积物迅速掩埋。一些调查数据为地质学家提供了确凿的证据，表明源撞击坑位于中南半岛地区。

图 9.23 印尼冲击玻璃（Indochinites），隶属于澳大利亚冲击玻璃大类

在已知源陨石坑的散落区内，源陨石坑周围的区域不会产生冲击玻璃，尽管这可能不适用于低角度撞击。最近有研究表明长条形和芒农型冲击玻璃在落地时仍然是半熔融状态的，只有非常薄的固化外壳；这些玻璃显示了在撞击地面时产生的二次改造。当冲击玻璃远离源区时，便会呈现飞溅状，飞溅时飞溅状不会变形，表明它们已经有较厚的坚固外壳。长条形代表最初形成的冲击玻璃的形状，它们表现出微弱的表面改造；随后是菲律宾玻璃，他们是过渡阶段的产物，已经充分冷却变脆，当它们在重返大气层时会因为加热产生裂隙。随着与源撞击坑的距离进一步增加，澳大利亚冲击玻璃已经充分冷却固化，表现出高度消融和剥离的形态。

研究源撞击坑与冲击玻璃分布，可以得出不同形态冲击玻璃之间的叠加关系。

B. 莫尔道（捷克）冲击玻璃（Moldavites Tektites）

主要在捷克共和国发现，但是散落区也延伸到奥地利。莫尔道玻璃来自德国南部的莱斯撞击坑，年龄为 14.7Ma。莫尔道玻璃具有很高的收藏价值，非常适合制作工艺品，它们通常通过透射光呈绿色，外表面纹理精致，澳大利亚的冲击玻璃的蚀刻面与许多莫尔道玻璃的蚀刻面非常相似。定向排列的“V”形槽十分明显,图案具有随机性。目前认为这些“V”形槽是由于化学风化形成的。“V”形槽的数量取决于沉积在槽中的岩石量，砂岩和砾石等高渗透性岩石有可能促进“V”形槽的形成。放射状图案可能是由于冲击玻璃冷却过程中存在薄弱面。其他形式的图案可能是原始的，后期的风化作用会导致这些图案明显或淡化。莫尔道玻璃沁人心脾的绿色是因为致色的 Fe^{2+}，近端的乔治亚玻璃也是绿黄色的，甚至存在略带绿色的雷公墨（实质为绿棕色）。冲击玻璃的颜色不仅与原岩有关，还与源撞击坑的位置有关（图 9.24）。

图 9.24 莫尔道（捷克）冲击玻璃，以其美丽的黄杨绿闻名于世

C. 贝迪亚冲击玻璃 / 格鲁吉亚冲击玻璃（Bediasites/Georgiaites Tektites）

大约形成于 35Ma 前，这些冲击玻璃很少见，主要归因于它们被深埋，只有相应地层的岩石出露且风化程度较高的地段，冲击玻璃才会被发现。

贝迪亚冲击玻璃产地位于美国得克萨斯州，是非常罕见的大型冲击玻璃，看起来像菲律宾冲击玻璃（图 9.25）。较小的贝迪亚冲击玻璃与菲律宾冲击玻璃十分相似；与莫尔道玻璃相似的“V”形凹槽也出现在贝迪亚冲击玻璃中，凹槽几乎可以肯定是由于化学风化造成的。在距离墨西哥 Chicxulub Crater（可能是 65Ma 前造成恐龙灭绝的撞击坑）约 1800km 处也发现了贝迪亚冲击玻璃；而盾形雷公墨距离可能的源撞击坑位置约 1600~2000km，两者具有相似的类比性。

图 9.25　贝迪亚冲击玻璃（Bediasites）

在距离 Chicxulub Crater 东北约 1000km 的玛莎文雅岛也发现了一种与贝迪亚冲击玻璃十分相似的冲击玻璃，那就是乔治亚冲击玻璃，包括芒农型和飞溅型。它们极为罕见，位于 Chicxulub Crater 西南 700km 处有一处很好的露头。

另据报道，在古巴也发现了冲击玻璃，在 Chicxulub Crater 南部约 1700km 处。

通过研究对比这些北美冲击玻璃，源撞击坑 Chicxulub Crater 已经找到；而澳大利亚散落区的冲击玻璃尚未找到源撞击坑。通过研究对比不同种类的冲击玻璃，可能有助于理解冲击玻璃的形成与风化。

D. 象牙海岸冲击玻璃（Ivory Coast Tektites）

象牙海岸冲击玻璃（图 9.26）在外观上与印尼冲击玻璃（Indochinites）非常相似。它们的稀有性主要受政治局势的控制，强烈建议所有外国人避开这个地区。象牙海岸冲击玻璃的有趣之处在于源撞击坑是已知的，正是邻国加纳直 10.5km 的博苏姆威陨石坑（Bosumtwi Crater），这为我们提供了一个很好的参考点，因为在附近发现了与源撞击坑有关的喷溅状冲击玻璃，为这个规模的陨石坑与其产生的冲击玻璃的形态及分布提供了很好的参考。实际上研究程度较深的位置距离这个源陨石坑 300~400km。博苏姆威撞击坑和象牙海岸冲击玻璃是在 1.30Ma 前形成的。

图 9.26　象牙海岸冲击玻璃（Ivory Coast Tektites）

E. 利比亚沙漠玻璃（Libyan Desert Glass）

位于利比亚—埃及边境，它有 28.5Ma 的历史，成因一直饱受争议。2019 年 3 月 10 日著名撞击构造科学家 Christian Koeberl 和 Ludovic Ferri è re 在 *Meteoritics & Planetary Science* 期刊上发表了名为《埃及西部利比亚沙漠玻璃：基岩冲击的石英指出该地区可能为强烈侵蚀的撞击构造》的文章，指出已经找到利比亚沙漠玻璃为冲击构造成因的 PDFs，并推断产生利比亚沙漠玻璃的大型撞击坑被强烈侵蚀夷平（图 9.27）。

图 9.27　利比亚沙漠玻璃

有时冲击玻璃和冲击岩之间的界限十分模糊，冲击玻璃实际上是从撞击部位抛出的物质，属于冲击变质作用的远端产物；而冲击岩是冲击变质作用的近端产物。值得注意的是，真正的冲击玻璃通常不离源撞击坑很近，而冲击岩一般在撞击坑附近。称为冲击玻璃或冲击岩在很大程度上取决于个人选择，因为目前国际上没有关于撞击坑与冲击玻璃和冲击岩在距离上的准确划分。单依靠外形也难以区分冲击岩和冲击玻璃，未来可能的划分会是冲击岩和冲击玻璃两个端点，中间会有过渡体。其他几种玻璃尚未明确划分：如达尔文玻璃，詹姆士玻璃，三叠—白垩冲击岩等。

（2）空降冲击尘埃层（airfall imapct dust beds）

空降冲击尘埃层是指包含熔融球和未受冲击变质影响的泥质碎屑沉积物（Stöffler 和 Grieve，2007）。这里强调尘埃是冲击作用形成的，以区分于火山碎屑和火山灰。熟知的 K-T 边界的形成与奇克苏鲁布撞击构造（Chicxulub impact structure）有关，也是空降冲击尘埃层最典型的实例。

第 10 章

陨石收集收藏与探究

- 南极陨石收集
- 陨石收藏
- 陨石探究

中国古代关于陨石的记录有很多，公元前 21 世纪的夏朝史书《竹书纪年》中就有“夏禹八年夏六月，雨金于夏邑”的记载；《汉书 · 五行志》中“鲁僖公十六正月戊申朔，陨石于宋，五”则记载了于公元前 645 年 12 月 24 日在宋地降落 5 块陨石的事件。虽然我国古代关于陨石的记录有数百次，但收藏流传下来的陨石基本没有。

国外虽然对于陨石的认识较晚，但从 18 世纪起，就有专门从事陨石收集、收藏研究的人。20 世纪初，南极陨石的发现，促进了各国在科学探险考察的同时，也寻找、收集陨石并进行研究。近代比较知名的陨石收藏家有 Harvey H.Nininger 和 Oscar Monnig 等人。2000 年后，随着非洲西北部发现了较多的沙漠陨石以来，陨石收集、收藏与研究逐渐得到科学界的重视与大众的关注，并成长起一批具有世界级影响力的陨石收集、收藏商人，其中最著名的当属罗伯特·黑格（Robert Haag），不过近几年来，他已经逐渐淡出陨石圈。

10.1 南极陨石收集

10.1.1 南极陨石的发现

1912 年，澳大利亚南极探险队在南极发现了第一块陨石，1969 年日本南极考察队在 Yamato（大和）地区发现 9 块不同类型的陨石后，总结了冰川运移—地形阻挡—消融沉降的南极陨石富集机制（图 10.1）。此后，各国考察队纷纷前往南极进行科学考察，也寻找陨石。迄今为止，美国、日本、中国等国在南极共收集了超过 5 万块陨石。

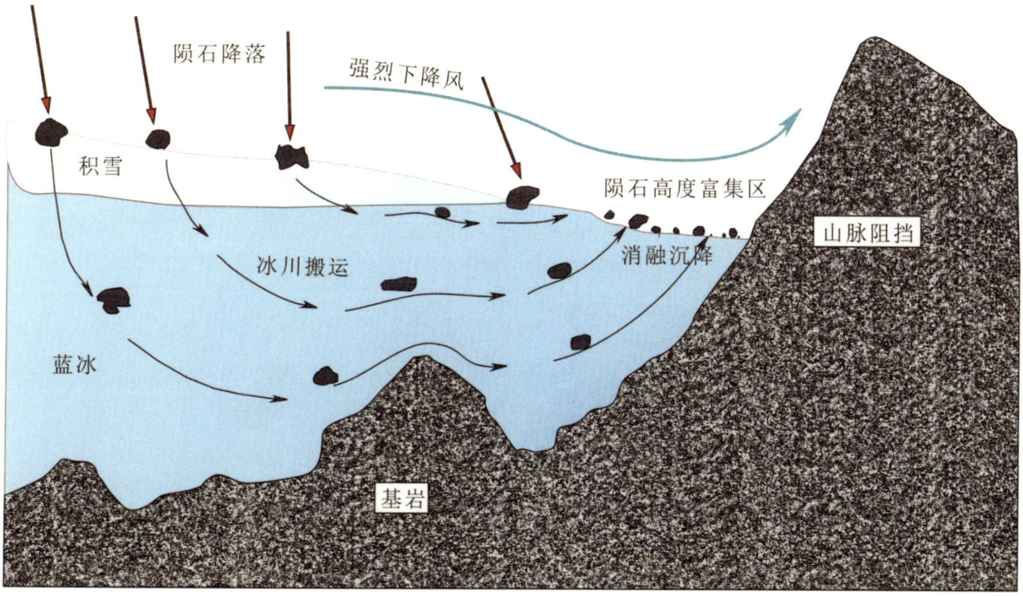

图 10.1 南极陨石富集机制示意图

10.1.2 南极陨石的回收

南极陨石回收的方式主要是雪地摩托配合步行搜索。近年来，英国和美国开始尝试用机器人智能识别并回收陨石的高科技手段。

中国第一次在南极回收陨石是在1998—1999年的第15次南极内陆考察期间，在格罗夫山地区发现了4块陨石，从此揭开了中国南极陨石收集的序幕。至2016年为止，我国共计进行了7次格罗夫山陨石考察，共收集了12 665块南极陨石（表10.1）。格罗夫山区域已成为仅次于Yamato的陨石富集区，我国也成为名副其实的南极陨石回收大国（图10.2至图10.4，图10.5为美国2015—2016年ANSMET南极陨石回收工作照片）。

表10.1 我国南极科考次数及陨石收获数量表（2018.9）

考察时间	队　次	回收陨石数量
1998—1999年	第15次	4
1999—2000年	第16次	28
2002—2003年	第19次	4448
2005—2006年	第22次	5354
2009—2010年	第26次	1618
2013—2014年	第30次	583
2015—2016年	第32次	630
累　计	7次	12665

图10.2 a、b—1998—1999年我国南极科考队员采用单车冒进的方式深入格罗夫山区开展陨石调查工作，克服重重困难找到陨石，实现我国南极陨石零突破；c—第26次南极考察队员收集陨石；d—蓝冰上发现的陨石

图 10.3 中国第 26 次南极考察队员在恶劣环境中艰苦工作及收集到的陨石

（摄影：崔静）

图 10.4 a—南极的冰裂缝，被积雪覆盖难以发现；对人员和车辆存在极大的安全隐患；b—南极白化天气，能见度极低；c—冰碛碎石区发现的陨石；d—蓝冰区发现的陨石

（图片来源；林杨挺）

图 10.5 美国 2015—2016 年 ANSMET 南极陨石回收工作、营地及发现的陨石

（图片来源：ANSMET 团队成员 Cindy Evans）

10.1.3 中国南极陨石分类情况

截至 2020 年 10 月，我国已完成了 4049 块南极陨石的分类，提交国际命名 3426 块。在已分类的陨石中，发现了一些较罕见的陨石，这些稀有类型的陨石分别为：2 块火星陨石、3 块 HED 族陨石、2 块原始无球粒陨石、2 块顽辉球粒陨石、12 块中铁陨石、1 块橄榄陨铁、4 块铁陨石、11 块橄辉无球粒陨石、21 块碳质球粒陨石、80 块 3 型（非平衡型）普通球粒陨石，7 块普通球粒陨石熔融角砾岩。

10.2 陨石收藏

10.2.1 陨石收藏的选择

陨石收藏，顾名思义是收藏具有收藏价值的陨石，与之相对应的是不具备收藏价值的陨石；不具备收藏价值的陨石，指的是发现量较大、市场流通量较大、类型普通的陨石，这类陨石可以称之为商品陨石。市场上经常见到的陨石多数为商品陨石，这类陨石对于普通爱好者来说可以选择，但以陨石作为收藏投资来说，这是不合适的选择，因为商品陨石收藏意义不大，且市场升值空间较小。比如，普通 NWA 未命名或 NWA 普通球粒陨石主体本身数量比较多，所以收藏价值不大。反而是稀有化学群类型标本或具有降落故事的陨石。如，碳质球粒陨石类型标本 Ivuna，Mighei，Bencubbin，砸中汽车的 Peekskill 陨石，这类陨石极具收藏意义。

10.2.2 与陨石收集收藏相关的产业

1）陨石“猎人”（meteorite hunter）。指以寻找陨石为职业的人。陨石“猎人”早在 19 世纪就有已经出现，欧美国家很多博物馆和私人藏家的陨石都来自他们。这些人深入戈壁沙漠或高山丛林寻找陨石，工作极具危险。我国目前也有一些半职业的陨石猎人，近年来也找到很多陨石。

2）饰品加工。将陨石切割加工成首饰，尤其是橄榄陨铁很受欢迎，但石陨石加工的饰品由于颜色晦暗，加之金属颗粒存在，显得不美观。目前整体加工的工艺水平不高，产品艺术性较差。

3）科普教育。陨石收藏对知识要求较高，科普教育能积极宣传陨石知识，提高民众对陨石的认知，如，内蒙古陨石学会梁成光近年来在内蒙古科技协会的支持下多次走进学校、社区及博物馆进行陨石科普讲解，形成良好的社会反响。

4）户外旅游。现代人饱受城市生活压力，心理压力较大，以寻找陨石为核心开展户外旅游也是一个不错的选择，既享受寻找陨石的乐趣又能放松心情。

5）研究鉴定。中国目前对陨石鉴定的需求是很大的，但很多人找不到正规鉴定陨石的机构，而科研院所又不愿为民间爱好者提供鉴定服务，虽然成立了个别陨石鉴定的公司，但市场宣传不到位，加之假陨石组织的冲击，运营很困难。

10.2.3 假陨石及非法鉴定机构

假陨石指的是以地球岩石冠以陨石的名称进行交易谋取利益，民间成立了很多关于陨石的社会组织，但有一些社会组织缺乏对陨石的认知，把地球岩石错当陨石。更有人拉拢团伙进行诈骗，骗取他人财产。

假陨石的网络宣传力度远大于真陨石，网页搜索“陨石”二字，会出现无数个鉴定拍卖的链接，这些非法网站有的 IP 地址在境外，所以难以查处。国内关于陨石鉴定拍卖的公司有很多，往往也有工商登记，但实质不具备陨石鉴定的资质，人员设备及实验室都不够鉴定陨石的等级，但依然从事所谓的“陨石鉴定”并开具“证书”谋取利益。

10.2.4 陨石市场

我国陨石市场目前货源主要来源于西北非洲，近几年来，非洲西北部发现的很多陨石流入到中国市场。随着次级市场开发停滞，国内陨石目前销售困难，囤积的陨石较多，但稀有类型陨石和国内发现的陨石很受国内爱好者的欢迎，随着我国陨石富集区的增加和陨石猎人的辛勤劳作，中国必将发现更多陨石，其中可能发现稀有的火星、月球陨石，中国陨石市场也必将拥有广阔的发展前景。

由于陨石市场缺乏监管和共识，陨石经销商各立门户，导致陨石售价差距极大。有的经销商经常售卖高于市场价几倍的普通陨石；更有不法商人售卖产地及化学类型不对应的陨石。陨石收藏爱好者要擦亮眼睛，谨慎鉴别，以免上当受骗。陨石收藏销售者应遵守行业规则，摒弃“吃新手，宰新人”的恶习，建立良好的市场秩序。

10.2.5 陨石的保养

陨石作为地球上的外来物质，由于所处环境的改变必然加速其风化破碎。含铁量较低的石陨石一般保存相对容易，放在干燥剂中即可；而铁陨石容易生锈，一般要用硫酸脱水，然后刷机油或防锈漆；橄榄陨铁切片有时会炸裂、橄榄石颗粒崩落，一般采取镀环氧树脂膜进行处理。有条件的收藏家可以购买密封干燥柜，内置干燥剂和脱氧剂，可以显著改善陨石氧化生锈，延长陨石保存年限。

10.3 陨石探究

10.3.1 陨石探究的意义

陨石作为地外物质，携带着太阳系的诸多信息，包括原始太阳星云的物质组成与演化，行星的形成与演化、有机物的起源、太阳系的空间环境、冲击变质作用等信息。陨石降落地球的过程，为计算人造飞行器返回大气层的过程提供了重要的数据参考。普通陨石爱好者可以进行的探索研究无非就是两个问题；一个是手里的岩石是不是陨石，另一个问题是如果是陨石是哪种类型。

10.3.2 陨石探究准备

（1）陨石知识准备

探究陨石需要具备一定的鉴别知识。如果你手里有一块可能是陨石的样品，那么，先假设该样品是陨石，然后，学习本书的基本知识，按照第 5 章陨石鉴定的方法进行肉眼鉴定，切忌看图比较，要仔细观察矿物组成、结构构造是否符合陨石的特征；熔壳、气印、铁镍金属、磁性、球粒、密度等特征要综合起来进行比较，不能只抓住其中一个特征就武断地得出结论。熔壳消失且气印不发育的无球粒陨石的鉴定对于普通陨石爱好者来说是非常困难的，要想鉴别，至少要经过专业的岩矿知识的学习和实验室鉴定培训，并借助相关的鉴定仪器来进行。

（2）仪器设备

简单的陨石探究需要的仪器设备主要有：小磁铁、10~30 倍放大镜、两组偏光片，有条件的爱好者可以购买透反射一体的偏光显微镜。

10.3.3 探究陨石的过程

陨石探究一般需要遵循以下几个步骤：

步骤一：肉眼观察岩石标本，根据陨石鉴定的特征进行综合判断，看有没有熔壳，气印是否发育，有没有球粒和金属点，有无磁性，密度大小；相关鉴定在第 5 章已经详细叙述，不再赘述，完成这个步骤，基本上可以将大部分岩石排除是陨石，如仍然无法鉴定，则再进行以下步骤。

步骤二：将疑似陨石样品切割磨制成 0.03mm 的薄片，通过偏光显微镜观察（如果没有偏光显微镜，也可以用两组偏光片叠加在一起，用放大镜观察）干涉色，根据干涉色判断岩石矿物组成，与陨石薄片鉴定手册（英文书籍）进行对比分析，随着经验的积累，可以较准确地区分陨石与地球岩石。

步骤三：无法通过偏光显微镜鉴定的岩石标本，则需进行电子探针或质谱仪分析，这已经不是一般地矿部门可以完成的工作，普通地矿单位即使有电子探针仪也不会处理陨石数据。国内可以准确鉴定陨石的机构主要是中国科学院系统的研究所、国家天文台、中国科学院紫金山天文台、中国地质大学、南京大学、吉林大学、北京大学、桂林理工大学、吉林陨石博物馆等单位。

步骤四：如确认样品为陨石，一般要按照命名要求准备相关资料，申报国际命名，由国际陨石命名委员会进行核查对比，确认为非重复申报后，进行投票命名，获得国际命名的陨石将录入 Meteoritical Bulletin 中，可随意查询，没有国籍限制，也不收取任何费用。

步骤五：一般获得国际命名的陨石持有人要向国家科研机构捐赠 20g 以上的研究样品，供科研教学之用。

经验总结：陨石爱好者经过多次观察研究陨石样品后，要不断总结不同种类陨石的特点，当见过的陨石达到一定数量以后可以实现肉眼判别部分典型无球粒陨石，完成这一目标至少需要 3~5 年的陨石知识学习和实践。

10.3.4 前景展望

随着国家科学普及力量的持续加大，真正的陨石知识将会广泛传播，民众对于陨石的认识会逐渐提高，我国也必然在本土发现罕见的火星、月球陨石，早日实现中国的月球（火星）岩石样品和月球（火星）陨石的对比研究，实现陨石矿物、同位素、物理参数、有机物等研究领域的重大进展和突破。

随着我国的陨石科学知识的普及，天文爱好者的流星观测，陨石爱好、收藏和研究者的不懈努力，不久的将来，我国必然会实现由火流星监测—陨石散落区精确预测—找到陨石这一目标，实现未击中人造物体的目击陨石预测寻获和陨石科学研究的不断进步。

主要参考文献

陈宏毅，缪秉魁，等 .2016. HED 族陨石：分异型小行星物质组成和演化 . 矿物岩石地球化学通报 .35（5）：1038−1052.

陈鸣，谢先德，肖万生，等 .2019. 依兰陨石坑：我国东北部一个新发现的撞击构造 . 科学通报 .65（10）：948−954.

陈鸣 .2007. 岫岩陨石坑：撞击起源的证据 . 科学通报 .52（23）：2777－2780.

计江龙，胡森，等 .2018. 曼桂（Mangui）陨石的岩石矿物学和冲击变质特征 . 中国科学 .2018，63.

刘焘，林杨挺，胡森，等 . 2008. GRV051523：一块新的灶神星陨石 . 极地研究，20（2）：219−228.

刘小汉，琚宜太 .2002. 格罗夫山：我国新发现的一个陨石富集区 . 极地研究，14：243－247.

毛艳华，陶克捷，王道德，等 .1998. 东乌珠穆沁及渭源中铁陨石岩石学特征及其分类 . 地球化学，27(1)：27−34.

缪秉魁，林杨挺，欧阳自远，等 .2002. 南极格罗夫山陨石岩石学特征Ⅱ：平衡型普通球粒陨石 . 极地研究 .14（4）：288−299.

缪秉魁，欧阳自远，林杨挺，等 .2008. 我国南极陨石研究的新进展 . 地质科学情报 .27（1）：13−19.

缪秉魁，王道德，胡森，等 .2008.100 块南极格罗夫山陨石的分类及其成对陨石的初步判别 . 极地研究，20（2）：141−152.

缪秉魁，王道德 .2008. 南极格罗夫山陨石的分类及其研究意义 . 极地研究，20（2）：95－104.

聂喜柯，孔屏 .2013. 东乌旗中铁陨石硅酸盐地球化学特征及对成因的启示 . 极地研究，25（4）：403−412.

尚颖丽，李世杰，王世杰，等 .2016. 南极普通球粒陨石风化等级的重新厘定 . 岩石学报，32（1）.71−76

沈文杰，胡森，林杨挺，等，2013. 荷叶塘陨石岩矿特征及化学—岩石类型研究 . 极地研究，25（4）：386－393.

陶克捷，杨主明 .1997. 内蒙古东乌旗石铁陨石 . 岩石学报，13（2）：254−259.

王道德，林杨挺，戴诚达，等 .1999. 南极陨石与沙漠陨石的对比研究 . 极地研究，11：45－58.

王道德，缪秉魁，林杨挺，等 .2005. 陨石的矿物—岩石学特征及其分类 . 极地研究，17（1）：45−72.

王道德，王桂琴 .2011. 普通球粒陨石的物理和岩石学性质及其分类参数 . 地球化学 40（1）：35－44.

王英，徐伟彪，王鹤年，等 .2008. 南极格罗夫山普通球粒陨石的矿物岩石学特征 . 极地研究，20：129－140.

夏志鹏，缪秉魁，张川统，等 .2018. 极地微陨石的收集、研究与设想 . 极地研究 .30（3）：314−328.

徐伟彪 .2015. 天外来客 . 北京：科学出版社 .

岳宗玉，邸凯昌，张平 .2012. 撞击坑形成过程数值模拟理论与方法 . 地学前缘，19（6）：110−117.

赵珊茸 .2004. 结晶学及矿物学 . 北京：高等教育出版社 .

A. Al-Kathiri，B. A. Hofmann，2006. Shisr 043（IIIAB medium octahedrite）：The first iron meteorite from the Oman desert. Meteoritics & Planetary Science，41（8）：A217–A230.

A. Al-Kathiri，E. Gnos，2007. The regolith portion of the lunar meteorite Sayh al Uhaymir 169，Meteoritics & Planetary Science，42（12），137–2152.

Bevan M. French a，Christian Koeberl，2010. The convincing identification of terrestrial meteorite impact structures · What works，what doesn't，and why，Earth-Science Reviews 98：123–170.

Bland P A，Sexton A S，Jull A，et al. 1998. Climate and rock weathering：A study of terrestrial age dated ordinary chondritic meteorites from hot desert regions. Geochim Cosmochim Acta，62：3169–3184.

Benedix GK，McCoy TJ，Keil K，et al.2000. A petrologic study of the IAB iron meteorites：constraints on the formation of the IAB winonaite parent body，Meteorit. Planet. Sci. 35：1127—1141

BischoffA，2000. Mineralogical characterization of primitive，type 3 lithologies in Rumurute chondrites，Meteorit. Planet.Sci. 35：699–706.

Crozaz G，Floss C，Wadhwa M. 2003. Chemical alteration and REE mobilization in meteorites from hot and cold deserts. Geochim Cosmochim Acta，67：4727–4741.

C.A. Trepmann，2008. Shock effects in quartz：Compression versus shear deformation —An example from the Rochechouart impact structure，France，Earth and Planetary Science Letters 267：322 – 332.

Dominik C. Hezel，Graeme M. Poole. 2015. Fe and O isotope composition of meteorite fusion crusts：Possible natural analogues to chondrule formation? Meteoritics & Planetary Science，50（2）：229–242.

Harvey R P，Cassidy W A. 1989. A statistical comparison of Antarctic finds and modern falls：Mass frequency distributions and relative abundance by type. Meteoritics，24：9–14.

Kallemeyn GW， 1996. The classificational wandering of the Ninhqiang chondrite，In：Lunar Planet. Sci. XXV II，The Lunarand Planetary Institute，Houston，635–636.

Kracher A，Willis J and Wasson JT，1980. Chemical classification of iron meteorites：IX. A new group（IIF），revision of IAB and IIICD，and data on 57 aditional irons，Geochim. Cosmochim Acta，44：773–787.

Keil K. 1982. Composition and origin of chondritic breccias. In：K. Keil，G. J. Taylor，and L. L.Wilkening Workshop on Lunar Breccias and Soils and their Meteoritic Analogs. LPI Technical Report 82-02，65–83.

Lin Y and El Goresy A. 2002. A compartive study of opaque phases in Qingzhen（ EH3 ）and MacAlpine Hills 88136（EL3 ）：repsentatives of EH and EL parent bodies，Meteorit. Planet. Sci. 37：577–599.

McKay G，Koizumi E，Mikouchi T，et al， 2002. Crystallization of shergottite QUE 94201 ：an experimental study，In：Lunar Planet. Sci. XXX III，#2051，The Lunar and Planetary Institute，Houston（CD - ROM ）.

McSween HY. 2002. The rocks of Mars，from far and near，Meteorit. Planet Sci.37：7–25.

MacPherson GJ，Wark DA and Armstrong JT. 1988. Primitive materials surviving in chondrites：refractory inclusions，In：Kerridge JF and Matthews MS.Meteorites and the Early Solar System. University of A rizona Press，Tucson：746–804.

Nyquist LE，Bogard DD，Shih CY，et al. 2001，Ages and geologic histories of martian meteorites，Space Sci Rev. 96：105–164.

O.Richard Norton，Lawrence Chitwood. Field Guide To Meteors And Meteorites. Patrick Moore's Practical Astronomy Series ISSM：1617–7185

Patzer A，Hill DH，and Boynton. 2001. Itqiy：a metal rich enstatite meteorite with achondrite texture，Meteorit. Planet. Sci.，36：1495–1505.

Palme H and Klerner S. 2000. Formation of chondrules and matrix in carbonaceous chondrites，Meteorit.

Pnanet. Sci. 35：A124–A124.

Rubin AE，Warren PH，Greenwood JP. 2000. Los Angeles：the most differentiated basaltic martian meteorite，Geology，28：1011–1014.

Scott ERD，Haack H and Love SG. 2001. Formation of mesosiderites by fragmentation and reaccretion of a large differentiated asteroid，Meteorit. Planet. Sci.，36：869–881.

Scott E，Krot A N. 2003. Chondrites and their components. In：Holland H D，Turekian K K，eds. Treatise on Geochemistry. Oxford：Pergamon，143–200.

Stöffler D，Keil K，Edward R S. 1991. Shock metamorphism of ordinary chondrites. Geochim Cosmochim Acta，55：3845–3867.

Van Schmus W，Wood J A. 1967. A chemical-petrologic classification for the chondriticmeteorites. Geochim Cosmochim Acta，31（5）：747–765.

Zinner EK. 2004. Presolar grains，In: Holland HD and Turekian KK，Elsevier Pergamon. Treatise on Geochemistry，1：Meteorites，Comets，and Planets，17–40.

后记 HOUJI

本书的初稿早在 2018 年初就已完成，由于客观原因一直未能及时出版发行。2020 年 5 月内蒙古科技协会计划赞助科普图书出版，但鉴于陨石是小众收藏品且社会经济效益微弱，我们毅然放弃了赞助申请。随后对初稿的内容进行了大幅度的修改，期望能为广大陨石爱好者提供一本实用性工具书，为陨石鉴定和分类提供实用性参考。本书编写过程中放弃了陨石故事的讲述，直奔陨石鉴别的核心知识，作为一本科普图书，对于大多数读者来说可能显得缺乏趣味性，但如果耐心研读，却能达到对陨石“辨真假，识类型”的核心目标。

书中个别陨石的化学类型可能随着研究的深入而发生变化，望广大读者朋友及时关注《Meteoritical Bulletin》的出版物进行更新。